中等职业学校饭店服务与管理专业规划教材

丛书主编：邓泽民

咖啡调制与服务

王立职　主编

U0316475

中国铁道出版社有限公司

CHINA RAILWAY PUBLISHING HOUSE CO., LTD.

内 容 简 介

本书根据对学生需求和职业需求的调查，设置了**经典单品咖啡调制、花式咖啡调制、浓缩咖啡调制、时尚花式咖啡调制、咖啡创业等 5 个单元共 18 项任务。通过学习完成这些任务，**读者能够领略咖啡文化独特的魅力，进而去热爱咖啡、热爱咖啡事业，成为咖啡文化的传播者；能够根据客人的品饮喜好，调制与服务经典的单品咖啡、浓缩咖啡、花式咖啡；能够创新咖啡调制与服务，引领咖啡品味时尚；能够获取初步的咖啡创业能力。

本书适合作为中等职业学校饭店服务与管理及相关专业的教材，也可用作培训教材和喜好咖啡的人们自学用书以及咖啡创业者的参考用书。

图书在版编目（CIP）数据

咖啡调制与服务/王立职主编. —北京：中国铁道出版社，2008.9（2020.8重印）
中等职业学校饭店服务与管理专业规划教材
ISBN 978-7-113-09165-1

Ⅰ. 咖… Ⅱ. 王… Ⅲ.①咖啡－配制－专业学校－教材 ②咖啡馆－商业经营－专业学校－教材 Ⅳ. TS273

中国版本图书馆CIP数据核字（2008）第140037号

书 名：咖啡调制与服务	
作 者：王立职	

策划编辑	严晓舟 秦绪好	读者热线：（010）83529867
责任编辑	周 欢	
编辑助理	祁 云 王 丹	
封面设计	付 巍	
责任印制	樊启鹏	

出版发行：中国铁道出版社有限公司（100054，北京市西城区右安门西街 8 号）
网　　址：http://tdpress.com/51eds/
印　　刷：北京米开朗优威印刷有限责任公司
版　　次：2008 年 8 月第 1 版　　　2020 年 8 月第 12 次印刷
开　　本：787 mm×1 092 mm　1/16　印张：10　字数：228 千
印　　数：16 101 ～ 17 900 册
书　　号：ISBN 978-7-113-09165-1
定　　价：34.00 元

中等职业学校饭店服务与管理专业规划教材

编委会

主　任：邓泽民

副主任：陈　玉　于学惠　严晓舟

成　员：（以下排名不分先后）

王立职　单慧芳　汪珊珊　展丽蕊　邓国民

杨　松　肖　敏　潘雪梅　李战生　代智弘

李　艳　王凤明　王晓华　王东健　王泽荣

宋俊华　吕　波　何　山　孙　璐　王新瑞

宋　艳　武　军　于琳琳　孟培芬　陈庆合

张　婷

COFFEE

序

　　国家社会科学基金课题"以就业为导向的职业教育教学理论与实践研究"在取得理论研究成果的基础上，选取了中等职业教育五个专业大类的20个专业开展实践研究。中等职业教育饭店服务与管理专业是其中之一。

　　这套教材的开发团队由职业教育专家、饭店行业专家和经过中等职业技术学校专业骨干教师国家级培训并取得优秀成绩的教师组成。他们在认真学习《国务院关于大力发展职业教育的决定》所提出的"以服务为宗旨、以就业为导向"办学方针和教育部提出的"以全面素质为基础、以能力为本位"教育教学指导思想的基础上，运用《职业教育课程设计》、《职业教育教学设计》、《职业教育教材设计》、《职业教育实训设计》所提出的理论方法，首先提出饭店服务与管理专业的整体教学解决方案，然后根据专业教学整体解决方案对教材的要求，编写了这套教材。

　　在教材体系的确立上，依据中等职业教育饭店服务与管理专业能力图表，通过课程设置分析，形成项目课程体系，从而确立教材体系。这在教材体系的确立上，实现了学科教育向职业教育的转变，落实了职业教育"以全面素质为基础、以能力为本位"的指导思想。

　　在教材内容的筛选上，应用职业分析方法，将典型的工作任务和成熟的最新成果纳入到教材的同时，又充分考虑了国家职业资格标准，在保证学历教育质量的同时，实现了学历证书和职业资格证书的"双证"融通，为职业学校学生顺利取得国家职业资格证书提供了条件。

　　在教材结构的设计上，采用了项目课程、任务驱动教学的结构设计，这不但符合职业教育实践导向教学指导思想，还将通用能力培养渗透到专业能力教学当中。《饭店服务礼仪》依据不同场合要求不同的礼仪，采用了以环境为导向的教材结构设计；在《前厅服务与管理》、《客房服务与管理》、《餐饮服务与管理》教材结构设计中，采用了以工作过程为导向的教材结构，因为这些服务与管理活动体现在工作过程的每个服务与管理环节上；《咖啡调制与服务》、《茶艺与服务》、《调酒与服务》、《插花艺术与服务》等教材的设计，采用了以产品为导向的结构，因为这类职业活

动是通过提供产品进行服务；《康乐服务与管理》教材，采用以康乐项目为导向的结构设计；《饭店服务心理与待客技巧》采用了以问题为导向的案例设计，便于读者对顾客心理分析能力的形成，灵活运用待客技巧，实施周到的服务；《饭店职业生涯设计》遵循饭店服务与管理专业技能型人才成长规律，采用以决策为导向的教材结构设计；《饭店文化》则采用了由近到远、由浅入深的螺旋结构设计，使学生易于理解并发展优秀的饭店文化；《饭店管理》将管理与饭店的岗位结合起来，形成了以饭店的岗位为导向的教材结构；《饭店信息技术》从运用信息技术提高工作质量和效率角度出发，采用了以质量与效率为导向的教材结构设计，充分反映了信息技术在饭店服务与管理活动中的工具性。

在教材素材的选择上，力求选择的素材来自于生产实际，并充分考虑其趣味性和可迁移性，以保证学生在完成任务时的认真态度，有效地促进学生职业兴趣发展和职业能力的拓展，并满足就业后很快适应工作的需要。

本套教材从课程标准的开发、教材体系的确立、教材内容的筛选、教材结构的设计，到教材素材的选择，得到了北京饭店、北京国际饭店、建国饭店、西苑饭店、长富宫饭店的大力支持，倾注了各位职业教育专家、饭店服务与管理专家、老师和中国铁道出版社各位编辑的心血，是我国职业教育教材为适应学科教育到职业教育、精英教育到人人教育两个转变的有益尝试，也是我主持的国家社会科学基金课题"以就业为导向的职业教育教学理论与实践研究"的又一成果。

如果本套教材有不足之处，请各位专家、老师和广大同学不吝指正。希望通过本套教材的出版，为我国职业教育和旅游事业的发展以及人才培养做出贡献。

2008 年 7 月

前 言

FOREWORD

　　随着我国社会经济的发展，品饮咖啡已由过去的时尚逐步变为人们的喜好与习惯，咖啡市场在我国呈现出十分广阔的发展前景。然而，今天的咖啡店却常常因为找不到精通咖啡服务的专业人士而苦恼。因此，近年来许多职业技术院校在饭店服务与管理专业开设了"咖啡调制与服务"课程。

　　"咖啡调制与服务"课程有其特殊性。它既要培养读者咖啡调制与服务的能力，又要传承咖啡文化。为了做到上述两个方面，在国家社会科学基金课题"以就业为导向的职业教育教学理论与实践研究"的成果指导下，本书在教材目标的定位、教材内容的筛选、教材结构的设计、教材素材的选择上，充分体现了本套丛书设计的相关要素。

　　为了让读者领略咖啡文化，达到传承的目的，本书选用了许多脍炙人口的咖啡故事作为每一个单元的引语，并在相关知识中，介绍咖啡历史知识，力求做到以咖啡文化之魅力，引发读者探秘咖啡世界的兴趣；再以崇尚生活和工作热爱之情，让读者自然进入学习过程中，学会调制咖啡，品味咖啡和服务咖啡，实践咖啡文化，提升个人职业素养，成为生活和工作中最为优秀的一员。

　　为了培养读者咖啡调制与服务的能力，能够就业与创业，本书不但设置了咖啡创业单元，培养学生捕捉商机、选择店址、制定营销策略、注册咖啡店的能力，还采用产品导向、任务驱动的教材结构设计，引领读者轻松愉快地学习，在趣味性和启发性中提升自己分析问题、解决问题的能力。每个任务由五个部分组成：

　　任务描述：精心选择了咖啡店目前十分典型的，能够带给客人满足、愉悦甚至惊喜的咖啡调制与服务作为任务。这些咖啡产品不仅注重客人对咖啡的需求，更加注重客人对咖啡物质需求之外的体验及文化内涵需求。

　　任务分析：通过任务分析对比，让读者轻松学会完成任务的一般性方法，并产生探索解决问题更好方法的动机和兴趣。

　　相关知识：通过对"相关知识"的学习，使读者了解必需、够用的咖啡知识。

　　技能训练：进行技能分项训练，使读者迅速掌握"学得快、做得更好"的

COFFEE

方法与技巧，把规范的操作礼仪转化为工作习惯。

完成任务：小组共同合作"完成任务"，学会与人共处，学会合作工作，把"做得更好"的策略、"做得更好"的方法与技巧实现于"任务完成"之中，内外兼修提升职业素养。通过系统评价，检验读者的学习效果，促进学生的职业能力发展和岗位工作的适应与胜任。

为了提高读者的学习效率，感受咖啡浓浓的文化气息，教材采用了大量的图片。读者不但能够一目了然，大大缩短阅读时间，还能受到咖啡艺术的熏陶，提升咖啡文化的品味。

建议本书总学时为 48 课时。单元一 10 课时、单元二 6 课时，单元三 14 课时，单元四 8 课时，单元五 10 课时。

本教材是在邓泽民教授设计的教材结构框架下撰写的。他在教材目标的定位、教材内容的筛选、教材结构的设计、教材素材的选择等方面给予了悉心指导。这套教材开发团队的各位成员对本教材也提出了不少好的建议。北京长富宫中心培训部经理于学惠、咖啡师于洋、调酒师任吉民等都给予了指导。本书凝聚了很多人的智慧和汗水，也融入了中国铁道出版社各位编辑的心血，在此表示衷心感谢。

全国商业中专教育研究会副会长安如磐教授、大连职工大学邓国民教授一直给我以关怀、指导，在本书的编写过程中，更是给予了大力的支持和帮助，在此一并表示衷心的感谢。

本书适合作为各类中等职业技术学校饭店服务与管理及相关专业的教材，还可作为培训班的教材，也可作为咖啡爱好者的自学用书和咖啡创业者的参考用书。由于编者水平有限，书中难免有不妥与疏漏，诚恳读者不吝赐教、指正。

编　者

2008 年 7 月

咖啡心语

困倦时，一杯香浓的咖啡令你困意全无，精神百倍；

快乐时，一杯美妙的咖啡令愉悦的心情再度跳起轻快的舞步；

烦恼时，一杯凝重的咖啡透出善解人意的苦楚，像一位心理大师抚慰你的心灵，原来生活总是那样苦中带甜；

相聚时，或窃窃私语，或侃侃而谈，或彼此悠闲自得，总有一杯心仪的咖啡相伴；

独处时，有时它顺从地迎合你放纵的心情；有时别具风情，让你不能忽视它的存在；有时它如清风拂过，让你惬意悠闲地静思。

正是因为咖啡独有的魅力才风靡全球，全世界每天喝掉数亿杯咖啡，品味咖啡已经成为许多人生活的一部分，即便是疾病与苦难，也未能削减人们对咖啡的热情。

人们热爱咖啡，但是能够调制咖啡的专业人士却很少。只有那些热爱咖啡的人，热爱喝咖啡的人，热爱咖啡事业的人，才能使一粒粒褐色的种子经由他们妙手生辉，为人们带来咖啡妙品，为咖啡世界增添靓丽的风景。

咖啡香浓，蕴含着人们对美好生活的热爱；

咖啡色浓，蕴含着人们对瑰丽人生的向往；

咖啡情浓，蕴含着相互真诚和关爱，给人生创造难忘的回忆。

让我们用热爱之心步入咖啡世界的殿堂；

让我们用热情、执着之心成为咖啡大师！

在咖啡发现的传说中，

有两大传说最令人津津乐道

在发现咖啡的传说中，有两大传说最令人津津乐道。

前者是基督教发现说「牧羊人的故事」：十六世纪埃塞俄比亚的一个牧羊人，发现放的羊不可思议地蹦跳。仔细观察，确信羊因吃了一种红色的果实才兴奋，于是亲口尝了红色的果实觉得神清气爽，分给僧侣们吃，所有的人都觉得提神。此后这种被人们称为咖啡的红色果实被用做提神药，颇受人们的好评。

后者是伊斯兰教说「阿拉伯僧侣的故事」：一二五八年，因犯罪而被族人驱逐的僧侣欧玛尔，流浪到离故乡摩卡很远的瓦萨巴（位于阿拉伯），饥饿疲倦坐在树下休息。一只鸟停在枝头上，啼声悦耳。仔细看，发现那只鸟啄食枝头上的果实，发出美妙的啼叫。便采下一些的果实放入锅中熬煮，散出浓郁的香气，喝了觉得疲惫的身体竟为之振奋。他采下许多这种神奇果实，遇到病人便给他们熬汤治病。由于他四处行善，故乡的人原谅了他的罪过。

CONTENTS 目 录

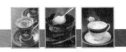

目 录 CONTENTS

单元一

经典单品咖啡调制

　　咖啡如同中国的茶一样有着久远的历史。虽然经过咖啡大师不断地创新，充满时尚气息的咖啡新品不断涌现，但历史沉淀已久、魅力依旧的咖啡被保留下来，被誉为经典咖啡。其中，经典单品的巴西咖啡、摩卡咖啡、蓝山咖啡、哥伦比亚咖啡等广泛地成为喜爱咖啡的人们的最爱。

学习目标

- 能用滤杯式方法调制经典单品咖啡并提供服务。
- 能用滤压式方法调制经典单品咖啡并提供服务。
- 能用虹吸式方法调制经典单品咖啡并提供服务。

烘焙好的咖啡豆

环境优雅的咖啡馆

单品经典咖啡

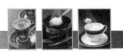

任务一　巴西咖啡滤杯式调制

　　巴西是世界上最大的咖啡生产地，咖啡产量占全球 1/3，这里的咖啡种类繁多，但因追求高产量，特优等的咖啡并不多，最出名的就是圣多斯咖啡，它的口感香醇，可以单品饮用。

　　巴西咖啡中的里约、帕拉那等因不需过多的照顾，可以大量生产，虽然口味稍逊，但其价格低廉，是用来与其他咖啡混合制成综合咖啡很好的选择。

令人心醉的咖啡果

任务描述

　　不知是因为喜欢巴西的足球、桑巴舞，还是因为对最大的咖啡生产国巴西的好奇，还是因为喜欢或习惯喝巴西咖啡的缘故，一位客人点了一杯巴西圣多斯咖啡。客人期待的巴西咖啡及令人流连忘返的咖啡、服务环境……如图 1-1-1 所示。

 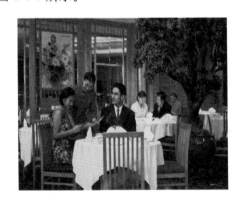

图 1-1-1　美味的咖啡、优雅的环境

任务分析

（一）调制方法的选择

　　为客人调制一杯巴西圣多斯咖啡，可用滤杯式调制咖啡的方法。这种方法需要的器具较少，调制程序简单，用时较短，人们昵称它为"懒人调制"，加之适用于多种咖啡的调制，成本较低、又能保证质量，因而被广泛使用。

（二）调制过程的分析

　　用滤杯式调制方法调制咖啡，一般需通过准备工作、咖啡研磨、咖啡冲泡、咖啡出品、咖啡服务和咖啡鉴赏六个步骤完成。具体操作方法与注意事项如表 1-1 所示。

表 1-1

1. 准备工作		
	操 作 方 法	注 意 事 项
 磨豆机◄ 水壶◄ 密封罐◄ 咖啡壶◄ 图 1-1-2	**（1）准备器具用品、原料** 　　器具用品：滤器、咖啡壶、咖啡研磨机、滤纸、水壶、咖啡杯、托盘、湿毛巾。 　　原料：圣多斯咖啡豆、糖、奶品，如图 1-1-2 所示。	工作前检查器具用品是否完好齐全，做好清洁工作。
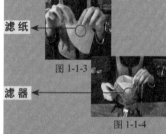 滤纸◄ 图 1-1-3 滤器◄ 图 1-1-4	**（2）折滤纸漏斗** 　　先将滤纸折成一个密封纸漏斗，如图 1-1-3 所示。然后，再将滤纸撑开成漏斗状，将它放在滤器中，平整地紧贴滤器，如图 1-1-4 所示。	1. 检查滤纸是否有破损、污渍。 2. 紧贴滤器上的滤纸漏斗要密封性强。
 图 1-1-5	**（3）准备水** 　　以每杯约 180～200ml 计算水的份量，用尖嘴水壶把水烧至沸腾，如图 1-1-5 所示。	1. 不要用矿泉水，因咖啡中的某些成分与矿泉水中的微量元素生成不溶物质，影响咖啡品质。 2. 水壶加水时，用每杯约 180～200ml 计算水的份量，留出暖咖啡壶的水量。
 图 1-1-6	**（4）温热咖啡壶** 　　在烧水的过程中，将少量的热水倒入咖啡壶中摇荡温壶，再将水倒掉，完成准备工作，如图 1-1-6 所示。	1. 温热咖啡壶后，保证水壶中冲泡咖啡的用水量。 2. 冲泡咖啡时，要保证咖啡壶温热。

2. 咖啡研磨		
	操 作 方 法	注 意 事 项
 图 1-1-7	**（1）调研磨度** 　　调咖啡研磨机至中等研磨度（刻度为 3～4），如图 1-1-7 所示。	在调制咖啡之前磨咖啡，以保持咖啡品质，防止过早研磨，调制出的咖啡失去醇香的口味。

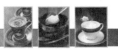

续表

操 作 方 法	注 意 事 项
 图 1-1-8 **(2) 开启咖啡研磨机** 在没有装咖啡豆的状态下，开启咖啡研磨机，如图 1-1-8 所示。	1．安全操作。 2．咖啡研磨机不要载荷起动。
 图 1-1-9 **(3) 咖啡研磨** 在咖啡研磨机下，准备好盛装咖啡粉的器具。 用勺取巴西圣多斯咖啡豆（约每杯 12g ~ 15g），从研磨机漏斗加进研磨，待研磨机恢复至开启的声音时，咖啡已研磨好，如图 1-1-9 所示。	1．提前测定每勺咖啡的份量，方便用勺按调制咖啡用量取咖啡。 2．研磨机不要长时间研磨，避免产生的热量导致咖啡香味溢散

3．咖啡冲泡

操 作 方 法	注 意 事 项
 图 1-1-10 **(1) 装咖啡粉** 将咖啡粉装入滤纸漏斗中。轻拍滤器边缘，使咖啡粉密实。将拍好的咖啡粉连同滤器小心地放在咖啡壶上，如图 1-1-10 所示。	注意装入滤纸漏斗中的咖啡粉既密实又居中。
 ①  ② 图 1-1-11 **(2) 咖啡闷蒸** 用折成方形的冷湿毛巾，放在已煮沸离开热源的水壶上 20 ~ 30s，使水温降到 92℃左右（可以用控制时间或烹饪用的温度计来测量温度）。以极细的水流将咖啡粉淋湿。水流由滤器的中心开始，以螺旋的方式向外绕，越细越好，要稳定不间断。水量以刚好淋湿、淋遍所有的咖啡粉为宜。此时咖啡粉会吸水而膨胀，这个过程叫闷蒸，如图 1-1-11 所示。	1．器具、水热烫，注意操作安全。 2．水最好是选择第一次沸腾的水，不要用冷开水再煮沸，或电保温壶中保温一段时间的水。 3．保证用 92℃左右的水闷蒸咖啡，避免咖啡与沸水接触，会影响咖啡的品质。

续表

操 作 方 法	注 意 事 项
  图 1-1-12	**(3) 咖啡冲泡** 　　闷蒸后将湿毛巾放在水壶上降温，大约需要 20 ～ 30s 的时间，使水温降到 85℃左右。 　　从滤器的中心开始注水。顺着同一方向从中心向外旋转绕圈，水流要均匀，比闷蒸时大些，不可间断。达到水量后，水位刚好到滤器中滤纸漏斗的上缘，最后在滤器中间收水。滤后咖啡粉会形成一个凹入的半椭圆形，完美的冲泡完成，如图 1-1-12 所示。	1. 注意咖啡壶保温。 2. 咖啡表面湿润，有咖啡通过滤器滴到壶中，但不超过五滴。确定闷蒸的过程已完成，可以冲泡咖啡。 3. 避免咖啡冲泡不匀，产生杂味。

4. 咖啡出品

操 作 方 法	注 意 事 项
 图 1-1-13	**(1) 咖啡出品准备** 　　按咖啡调制份数备好温热的咖啡杯，咖啡杯可用电加热或热水温杯，如图 1-1-13 所示。	咖啡杯和咖啡不可随意搭配，要精心设计。
 图 1-1-14	**(2) 咖啡出品** 　　取下滤器，用咖啡壶斟倒咖啡至咖啡杯八分满。配上咖啡搅拌勺、杯垫，客人调制咖啡用的糖、奶品，如图 1-1-14 所示。	1. 安全操作。 2. 倒入杯中的咖啡温度为 75℃左右，客人入口的咖啡温度 60℃为理想。

5. 咖啡服务

服 务 方 法	注 意 事 项
 图 1-1-15	**(1) 核对咖啡、餐位** 　　依据点单核对出品的咖啡的品名、检查感观质量、确认应服务的餐位，保证服务准确，如图 1-1-15 所示。	1. 注意咖啡杯外表、底盘不能有溢出的咖啡。 2. 咖啡杯、底盘图案应对齐。

操 作 方 法	注 意 事 项
  图 1-1-16 **(2) 上咖啡服务** 　　服务员用托盘服务咖啡，站在客人的右侧，右腿在前侧身而进，面带微笑，亲切礼貌柔和地说："先生（女士）您好，您点的巴西咖啡"。用右手先放杯垫，再放咖啡于餐台客人正前方或右侧，以方便客人取用。 　　服务中聆听或交谈注意与客人目光的交流，服务中若客人配合应谢谢；若对客人稍有打扰应说"打扰了"致歉。 　　向客人说："请慢用"，完成上咖啡服务，如图 1-1-16 所示。	1．上咖啡服务操作时既规范又灵活，要稳、准、快。 2．服务前先思考，根据现场情况设计服务预案。服务迅速准确，提高客人的满意度。 3．服务语言灵活多变，客人感到礼貌、热情、尊重。
 图 1-1-17 **(3) 席间服务** 　　席间应关注客人的需求，续茶倒水、撤换烟缸等，服务于客人开口之前；随时听从客人的吩咐，满足客人的需求。 　　客人杯空之前应主动询问"还需喝点什么"，主动介绍，随时做好解答客人问题的准备，如图 1-1-17 所示。	1．注意要以提高客人的满意度为原则，灵活运用服务程序。 2．服务用心、用勤、用情，让客人享受超值服务或惊喜服务。
 图 1-1-18 **(4) 结账送客** 　　预先核对账单台号、金额等，客人提出结账，迅速报账，做好解释。准确找零，向客人诚恳致谢。当客人起身时拉椅协助，提醒携带好随身物品，真诚欢迎再次光临，如图 1-1-18 所示。 **(5) 结束工作** 　　服务员清理、布置台面。 　　咖啡出品后，咖啡师清理台面，清洗器具。	1．结账服务要准确、迅速，2 ~ 3min 内完成。 2．不能怠慢结账之后的客人。 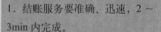 　　注意清理餐台、清洗器具要迅速、操作要规范。

相关知识

通过"相关知识"的学习，大家共同探讨研究咖啡服务"做得更好"的策略。

（一）咖啡的功效

咖啡功效

对人体的助益	对人体不利影响
1. 加速脉搏跳动，减轻疲劳	1. 孕妇、哺乳期妇女尽量避免饮用
2. 促进胃肠蠕动，助消化	2. 有胃病者尽量少饮咖啡
3. 增强肌肉力量	3. 过度摄取咖啡因后血压增高，故高血压者注意控制
4. 有治疗气喘的功能	4. 咖啡对糖尿病患者有不良影响
5. 利尿功效	
6. 使人精神振奋，有镇痛之效	

（二）一天品饮咖啡的杯数与适宜时间

健康专家建议喜欢喝咖啡的人和那些交际特别多的人们，一天品饮 2 ～ 3 杯咖啡为宜。
一天品饮咖啡适宜的时间如下：

1. 早晨喝咖啡，多加些乳品，提神又营养。

2. 下午三、四点钟饮咖啡会使您消除疲劳，精神百倍。

3. 晚餐后喝上一杯咖啡，加少许威士忌或白兰地酒，芳香可口，帮助消化。

（三）咖啡简介

咖啡的产地与特性

名称 \ 内容	产 地	特 性
巴西咖啡	巴西	略酸、甘、微苦
蓝山咖啡	牙买加	清香、甘柔、苦（轻）、微酸
摩卡咖啡	也门、埃塞俄比亚	甘、酸、苦，口感特殊，层次多变
哥伦比亚咖啡	哥伦比亚	苦、酸中带甘味
曼特林咖啡	印尼	香、苦、甘
危地马拉咖啡	危地马拉	酸、醇、甘

技能训练

小组合作完成咖啡调制技能训练，参照表 1-1 中图示的操作与礼仪规范，进行滤杯式咖啡调制技能分项训练，把规范的操作与礼仪转化为工作习惯；共同探讨研究滤杯式咖啡调制"学得快、做得更好"的方法与技巧。

（一）咖啡调制规范训练

1. **咖啡调制规范训练**：以小组为单位，按下表中的训练项目、重点和标准，由组长组织、老师指导、组员相互建议做好咖啡调制规范训练。

2. **评价与改进**：以小组为单位，组长组织，按下表中的要求做出相应的评价，并对被评价的同学提出改进建议。

咖啡调制规范评价表

被评价者：　　　　　　　　　　　　　　　　　　　　　　　　NO. _____

评价指向：咖啡调制　　　　　　　　　　　　　　　　　　评价时间：　年　月　日

训练项目	训练重点	评价标准	小组评价	老师评价
操作调制	体态	操作时体态优雅，咖啡调制时始终面对客人	Yes / No	Yes / No
	双肩	自然放松、平齐	Yes / No	Yes / No
	目光	目光专注，与客人交谈时注意目光的交流	Yes / No	Yes / No
	表情	表现出服务的意愿与愉悦、轻松与自信	Yes / No	Yes / No
	操作规范	操作准确、迅速、优雅（参照表 1-1 中图示）	Yes / No	Yes / No
	手法卫生	手部清洁，不触及器具与咖啡接触部位；持咖啡杯杯柄，持咖啡勺勺柄；调制中不随意触及它物	Yes / No	Yes / No
	吧台整洁	客人视野中的吧台整洁有序，陈设的器具、用品精致专业	Yes / No	Yes / No
个人努力方向与建议				评价汇总： A．优秀 B．良好

（二）挑选新鲜的巴西圣多斯咖啡豆

鲜度是咖啡的生命，判定咖啡豆的新鲜度有三个步骤：看、闻、剥。①看：将咖啡豆摊开来看，确定咖啡豆的产地、品种、品质，也确定咖啡豆烘焙的是否均匀，如图 1-1-19 所示。②闻：将咖啡豆靠近鼻子，闻到咖啡豆浓郁的香气，表明咖啡豆新鲜。若是香气微弱，或是闻到油腻味（类似坚果久置的味道），表明咖啡豆已经不新鲜了。不新鲜的咖啡豆，不可能煮出一杯好咖啡，如图 1-1-20 所示。③剥：用手剥开咖啡豆，新鲜的咖啡豆，可以很轻易地剥开，感觉脆脆的。若咖啡豆不新鲜，剥开豆子很费力。把咖啡豆剥开，还可看看烘焙得是否均匀。豆子的外皮和里层的颜色一样，则均匀；如果表层的颜色比里层的颜色深，表明在烘焙时的火力太大，这对咖啡豆的香气和风味有不良影响，如图 1-1-21 所示。为了保证咖啡豆的新鲜，购买后，最好 15 天用完。

图 1-1-19　看　　　　　　　　　图 1-1-20　闻　　　　　　　　　图 1-1-21　剥

（三）辨别咖啡杯的种类并指明用途

1．按容量分：200ml——盛装咖啡量 150 ～ 180ml，如图 1-1-22a、图 1-1-22b 所示；

　　　　　　　100ml——盛装咖啡量 50 ～ 70ml，适用于浓缩咖啡如图 1-1-22c、图 1-1-22d 所示。

　　　　　　　300ml——盛装咖啡量 260 ～ 280ml，如图 1-1-22e 所示。

2．按形状分：异形咖啡杯，如图 1-1-22a 所示。

　　　　　　　平底咖啡杯，如图 1-1-22b、图 1-1-22c、图 1-1-22d 所示。

　　　　　　　高角咖啡杯，如图 1-1-22e 所示。

3．按材质分

陶瓷制咖啡杯：耐热、耐腐蚀、保温，多用于热咖啡，如图 1-1-22a、图 1-1-22d 所示。

双层不锈钢制：耐热、耐腐蚀、耐用、保温，多用于热咖啡，如图 1-1-22c 所示。

耐热玻璃咖啡杯：耐腐蚀、通透，多用于花式冰咖啡，如图 1-1-22b、图 1-1-22e 所示。

a   b   c   d   e

图 1-1-22 形态各异的咖啡杯

（四）咖啡研磨与操作规范

开启咖啡研磨机，用勺取巴西圣多斯咖啡豆（约每杯 12 ～ 15g），从研磨机漏斗加进研磨，待研磨机恢复至开启的声音时，咖啡已研磨好。咖啡研磨时，取咖啡豆的勺子可量取咖啡豆，取咖啡豆平勺约为 7g 左右，取咖啡豆满勺约为 10g 左右，注意咖啡豆取后贮罐应立即密封，咖啡研磨后，器具应立即归位。

在冲煮前最后一刻才研磨，是咖啡保鲜的秘诀。因为太早研磨，或购买现成的研磨咖啡粉，都会使咖啡增加与空气及湿度接触的表面积，逐渐散失芳香。磨好的咖啡粉 4h 后将降低醇香美味。一杯咖啡是否新鲜香醇，在研磨时，已经展露无疑。懂得品味咖啡的人，他记忆里的咖啡香，一定包含了在研磨时就已经在空气中散发的咖啡芬芳。

（五）咖啡闷蒸与咖啡冲泡

娴熟的咖啡闷蒸与冲泡是完美萃取咖啡的关键操作，应反复训练。注意：避免高温灼伤。

闷蒸技能：按照表 1-1 中 3.(2) 项的方法、注意事项进行练习。注意闷蒸咖啡要用 92℃ 左右的热水，避免咖啡与沸水接触，会影响咖啡的品质。掌握以极细、稳定和不间断的水流刚好将咖啡粉淋湿的闷蒸技巧。

冲泡技能：按照表 1-1 中 3.(3) 项的方法、注意事项进行练习。冲泡咖啡水温为 85℃ 左右。掌握控制水流均匀、不可间断、水位刚好时收水的冲泡技巧，避免咖啡因闷蒸不匀，而产生杂味。

（六）服务咖啡前的质量检查

1．检查咖啡杯、杯子底盘、咖啡勺和咖啡伴侣，搭配尽量要美观。

2．用 200 ～ 300ml 容量的咖啡杯，杯中咖啡八分满。

3．咖啡杯、盘等清洁无咖啡液渍。

4．咖啡服务时温度不低与 75℃，以保证客人加入咖啡调配品后，咖啡入口温度不低于 60℃。

5．调制出的咖啡色泽棕褐色，有少量白色细致的泡沫，如图 1-1-23 所示。

图 1-1-23 出品的咖啡

（七）咖啡服务规范训练

"满意、超值、惊喜的服务"已成为能够提高咖啡品位不可或缺的部分。

1．咖啡服务规范训练：以小组为单位，按下表中的训练项目、重点和标准，由组长组织、老师指导、组员相互建议做好咖啡服务规范训练。

2．评价与改进：以小组为单位，组长组织，按下表中的要求做出相应的评价，并对被评价的同学提出改进建议。

咖啡服务规范评价表

被评价者：　　　　　　　　　　　　　　　　　　　　　　　　NO. _____

评价指向：咖啡服务　　　　　　　　　　　　　　　　　　评价时间：　年 月 日

训 练 项 目	训 练 重 点	评 价 标 准	小 组 评 价	老 师 评 价
迎宾领位	迎宾等候	保持站姿礼仪，表情愉悦	Yes / No	Yes / No
	热情问候	客人到来，礼貌热情相迎，问候语得体如图1-1-24所示	Yes / No	Yes / No
	礼貌引领	尊重客人选择、先里后外、恰当参谋	Yes / No	Yes / No
送单开单	咖啡介绍	咖啡知识丰富，尊重客人选择，依据客人品饮喜好恰当介绍	Yes / No	Yes / No
	开单服务	开单准确、迅速，多位客人品饮不同咖啡标注清楚如图1-1-25所示	Yes / No	Yes / No
咖啡服务	确认餐位	根据咖啡名称、饮品单标注，确认餐位	Yes / No	Yes / No
	出品质检	做好服务咖啡前的质量检查①	Yes / No	Yes / No
	上咖啡服务	参照"表1-1中5.(2)"操作规范评价	Yes / No	Yes / No
	席间服务	参照"表1-1中5.(3)"操作规范评价	Yes / No	Yes / No
	结账送客	参照"表1-1中5.(4)"操作规范评价	Yes / No	Yes / No
	结束工作	参照"表1-1中5.(5)"操作规范评价	Yes / No	Yes / No
个人努力方向与建议				评价汇总： A．优秀 B．良好

①以"（七）服务咖啡前的质量检查"为质检参考

图 1-1-24　热情服务

图 1-1-25　开单服务

（八）咖啡品饮

良好的咖啡品饮礼仪，会展现出客人绅士般的风度，并成为完美咖啡不可或缺的部分；能够"当好客人"，能够成为品饮咖啡的行家，能够成为咖啡品饮礼仪的典范，才能成为"为提供令客人赞许服务"的优秀服务人员，如表1-2所示。

表1-2

调配、品尝咖啡		咖啡品饮礼仪
图 1-1-26	**(1) 闻香** 　　用咖啡勺搅动咖啡，鼻子靠近，感受咖啡的香气，如图 1-1-26 所示。	1. 右手持勺轻轻搅动。 2. 可以俯下身子靠近咖啡或端起杯子闻香。
图 1-1-27	**(2) 清饮** 　　将咖啡液含于口中一分半钟，用舌头感受是否酸味过强，苦度过高，是否有涩味及杂味。酸、苦、涩及杂味是不受欢迎的味道，如图 1-1-27 所示。	1. 右手持杯柄端起杯子品尝咖啡。 2. 咖啡勺只是用来调配咖啡搅拌用的，不能用来喝咖啡。
图 1-1-28	**(3) 调配品饮** 　　试口后，根据个人喜好调配咖啡。 　　加适量糖，以减少苦味，但会增加酸味，再加上乳品，就会感受到香浓味道。加糖、乳品等，使咖啡苦、甘、酸完美平衡，注意保持咖啡本身风味为佳。 　　调好后的咖啡应适合个人口味。最佳的品饮温度是 60℃左右，如图 1-1-28 所示。	1. 饮咖啡时，可以端起杯子品饮，也可以端起咖啡杯盘离开座位品饮。 2. 饮咖啡时，口中不要发出声响。 3. 与朋友交流避免影响旁桌客人。

完成任务

　　小组共同合作"完成任务"，把"咖啡服务做得更好"的策略，转化为"咖啡服务做得更好"的方法与技巧，并实现于"任务完成"之中，不断提升调制技艺，以赢得客人精心、精湛、精彩的赞许；在"任务完成"中，学会共同合作，学会与人共处，待人真诚、热情、尊重，

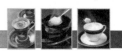

咖啡调制与服务 ● ● ●

成为和谐工作与和谐生活之中最为优雅、最被赏识的一员。

（一）小组练习

将班上学生分成小组，各小组选一位组长带领组员，完成选咖啡豆、研磨、冲泡、咖啡出品、咖啡服务等工作。

（二）小组评价

1．服务一杯好咖啡应知应会的知识有哪些？

2．出品客人喜欢的咖啡，有哪些关键？

（三）综合评价

综合评价包括小组之间的互评和老师对各小组工作的系统评价。主要评价项目如下：

1．品饮评价

品饮评价表

评 价 项 目	评 价 内 容	评 价 标 准	个 人 评 价	小 组 评 价	教 师 评 价
看	咖啡产品	咖啡整体形象①： A 优、B 良、C 一般			
		咖啡颜色：A 浓重、B 清淡			
闻	咖啡	A 香气浓郁、B 香气清淡			
清饮②	60℃咖啡③ 口含 0.5min	苦：A 强、B 中、C 弱			
		香：A 强、B 中、C 弱			
		酸：A 强、B 中、C 弱			
		甘：A 强、B 中、C 弱			
	20℃咖啡③ 口含 0.5min	苦：A 强、B 中、C 弱			
		香：A 强、B 中、C 弱			
		酸：A 强、B 中、C 弱			
		甘：A 强、B 中、C 弱			
加伴侣饮	60℃咖啡 口含 0.5min	苦：A 强、B 中、C 弱			
		香：A 强、B 中、C 弱			
		酸：A 强、B 中、C 弱			
		甘：A 强、B 中、C 弱			
	20℃咖啡 口含 0.5min	苦：A 强、B 中、C 弱			
		香：A 强、B 中、C 弱			
		酸：A 强、B 中、C 弱			
		甘：A 强、B 中、C 弱			
品饮礼仪		A 优、B 良、C 一般			
品饮汇总		建议			

注意：① 咖啡整体形象：咖啡与咖啡杯、杯子底盘、咖啡勺、咖啡伴侣的搭配，杯、盘有无咖啡液渍，器具的清洁与环境优雅。

② 每次咖啡品饮都留心记忆味觉，才能早日成为咖啡鉴赏高手。

③ 咖啡佳品不会因温度下降而口味变得很差，据此可以判断咖啡优劣。

2．能力评价

能力评价表

内　容		评　价	
学 习 目 标	评 价 项 目	小 组 评 价	教 师 评 价
知识　应知应会	1．出品客人喜欢的咖啡，有哪些关键	Yes / No	Yes / No
	2．咖啡服务方法，咖啡品饮礼仪	Yes / No	Yes / No
专业能力　1. 用滤杯式调制咖啡　2. 做好咖啡服务　3. 鉴赏咖啡	1．滤杯式咖啡调制方法	Yes / No	Yes / No
	2．咖啡调制操作规范	Yes / No	Yes / No
	3．咖啡服务规范	Yes / No	Yes / No
	4．咖啡鉴赏	Yes / No	Yes / No
	5．吧台整理与器具保养	Yes / No	Yes / No
通用能力	组织能力	Yes / No	Yes / No
	沟通能力	Yes / No	Yes / No
	解决问题能力	Yes / No	Yes / No
	自我管理能力	Yes / No	Yes / No
	创新能力	Yes / No	Yes / No
态度	敬岗爱业	Yes / No	Yes / No
	态度认真		
个人努力方向与建议			

作 业

1．你知道的几种咖啡，口味有何不同？

2．如何判定咖啡豆的新鲜度？

3．简述咖啡的功能？什么时间适宜喝咖啡？

4．简述咖啡服务方法？咖啡品饮礼仪？

任务二　滤压冲泡咖啡调制

17世纪初，第一批销售到欧洲的也门咖啡，经由古老的摩卡小港出口，令欧洲人惊叹，于是由摩卡小港运来的美味咖啡被称做"摩卡咖啡"。如今，摩卡旧港因为泥沙淤积被废弃，改由侯代依达港出口，然而人们习惯"摩卡咖啡"名号，因为摩卡之名已经名声大噪。

也门是一个把咖啡作为农作物进行大规模生产的国家，至今仍然沿用与500年前相同的方法生产咖啡。一些咖啡农家依然使用动物（如骆驼、驴子）推拉石磨，也门摩卡像是咖啡世界的活古迹！埃塞俄比亚虽是世界上最早发现咖啡的国家，然而让咖啡发扬光大的却是也门。

也门首都——萨那

摩卡咖啡，层次多变味道独特，芬芳浓郁且酸味适宜，有着与众不同的辛辣味，摩卡咖啡越浓，就越容易被品尝出人们喜欢的巧克力味道。以至于后来有人说，蓝山咖啡可以称王，摩卡咖啡可以称后。

![任务描述]

在温馨优雅的咖啡厅，伴着咖啡的醇香，心情不错的客人对服务员说："两份摩卡。"服务员礼貌回应道："是，先生，两份摩卡……马上就好。"出品的摩卡咖啡如图1-2-1所示。

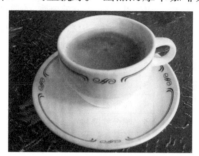

图1-2-1 出品的摩卡咖啡

![任务分析]

（一）调制方法的选择

为客人调制摩卡咖啡，可用滤压冲泡调制咖啡的方法。这种方法器具简单，操作方便，咖啡萃取充分，适用多种咖啡调制，成本较低、又能保证咖啡芬芳浓郁，被广泛使用。

（二）调制过程的分析

滤压冲泡调制方法调制咖啡，一般需通过准备工作、咖啡研磨、咖啡萃取、咖啡出品、咖啡服务和咖啡品饮六个步骤完成。具体操作方法与注意事项如表1-3所示。

表1-3

1. 准备工作		
	操 作 方 法	注 意 事 项
滤压壶 图1-2-2	**（1）准备器具用品、原料** 　器具用品：滤压壶、咖啡研磨机、咖啡杯、托盘。 　原料：摩卡咖啡豆、糖、奶品，如图1-2-2所示。	工作前检查器具用品是否完好，做好清洁保养。
图1-2-3	**（2）准备水** 　以每杯30ml计算，量出所需的水量煮沸，如图1-2-3所示。	注意不要用矿泉水最好是用滤水器滤出来的水。
图1-2-4	**（3）温壶** 　用热水将滤压壶温热，如图1-2-4所示。	为了保证滤压壶在使用时温热，可以选择使用前更好的时机温壶。

2. 咖啡研磨

操作方法	注意事项
 图 1-2-5 **(1) 调咖啡研磨度** 调咖啡研磨机刻度至 4～4.5，如图 1-2-5 所示。	在调制之前磨咖啡，以保证咖啡品质，防止咖啡氧化失去醇香的口味。
 图 1-2-6 **(2) 开启咖啡研磨机** 咖啡研磨机在没有装咖啡豆状态下，开启咖啡研磨机，如图 1-2-6 所示。	1. 安全操作。 2. 咖啡研磨机不要载荷启动。
 图 1-2-7 **(3) 咖啡研磨** 在咖啡研磨机下，准备好盛装咖啡粉的器具。 用勺取摩卡咖啡豆（约每杯 12～15g），从研磨机漏斗加进研磨，待研磨机恢复至开启的声音时，咖啡已研磨好，如图 1-2-7 所示。	1. 提前测定每勺咖啡的份量，以便用勺按调制咖啡用量取咖啡。 2. 研磨机不要长时间研磨，避免产生高温导致咖啡香味溢散。

3. 咖啡萃取

操作方法	注意事项
 图 1-2-8 **(1) 装咖啡粉** 取出滤压壶的滤压器，注意放置滤压器应使用清洁的瓷盘，壶内放入两杯份的咖啡粉（24～30g），如图 1-2-8 所示。	1. 注意咖啡勺送至壶底再倒翻咖啡粉，避免咖啡粉飞扬。 2. 取出滤压器时再检查一下滤压器上滤网是否完好，滤网边缘是否有咖啡粉未洗净。若有问题，应立即处理好。

操 作 方 法	注 意 事 项
 图 1-2-9 **（2）咖啡萃取** 　　滤压壶呈 45° 斜放，将约 92℃的热水 200ml 慢慢冲入，静置 3 ～ 5min。用竹棒搅拌咖啡粉，充分萃取咖啡中的精华，搅拌时不易剧烈搅拌，如图 1-2-9 所示。	调制浓咖啡，冲泡时间用 5min；调制口味清淡的咖啡，冲泡 3min 就可以下压滤网。
 图 1-2-10 **（3）咖啡滤压** 　　套上滤压器轻轻下压到底，滤压器下压时，要将附着在滤压壶上沿壶壁的咖啡渣一同压入壶中。准备咖啡出品，如图 1-2-10 所示。	1．器具高温，注意操作安全。 2．垂直轻轻下压滤压器，避免咖啡渣漏入咖啡液中。 3．注意左手把持滤压壶的手柄，避免烫伤。

4．咖啡出品

操 作 方 法	注 意 事 项
 图 1-2-11 **（1）咖啡出品准备** 　　备好温热的咖啡杯，温杯可用电加热或热水，如图 1-2-11 所示。	咖啡杯和咖啡不可随意搭配，要精心设计。
 图 1-2-12 **（2）咖啡出品** 　　将滤压壶中的咖啡倒入备好的咖啡杯，配上咖啡搅拌勺、杯垫，客人调制咖啡用的糖、奶品，便可以为客人服务，如图 1-2-12 所示。	注意边倒咖啡边检查咖啡品质，尤其检查咖啡液中有无咖啡渣，避免饮品出现瑕疵。

5. 咖啡服务同任务一

6. 咖啡鉴赏同任务一

相关知识

（一）怎样拿咖啡杯

在餐后饮用的咖啡，一般都是用袖珍型的杯子盛出。这种杯子的杯耳较小，手指无法穿出去。但即使用较大的杯子，也不要用手指穿过杯耳再端杯子。咖啡杯的正确拿法，应是拇指和食指捏住杯把儿再将杯子端起。

（二）怎样给咖啡加糖

给咖啡加糖时，砂糖可用咖啡匙舀取，直接加入杯内；方糖可用夹子夹放在咖啡碟近身的一侧，再用咖啡匙把方糖加在杯子里。如果直接用糖夹子或手把方糖放入杯内，有时可能会使咖啡溅出，从而弄脏衣服或台布。

（三）怎样用咖啡匙

咖啡匙是专门用来搅咖啡的，饮用咖啡时应当把它取出来。不要用咖啡匙舀着咖啡喝，也不要用咖啡匙来捣碎杯中的方糖。

（四）咖啡杯碟的使用

盛放咖啡的杯碟都是特制的。它们应当放在饮用者的正面或者右侧，杯耳应指向右方。饮咖啡时，可以用右手拿着咖啡的杯耳，左手轻轻托着咖啡碟，慢慢地移向嘴边轻啜。不宜满把握杯、大口吞咽，也不宜俯首去就咖啡杯。喝咖啡时，不要发出声响。添加咖啡时，不要把咖啡杯从咖啡碟中拿起来。

（五）喝咖啡与用点心

饮咖啡可以吃一些点心，但不要一手端着咖啡杯，一手拿着点心，吃一口喝一口地交替进行，饮咖啡时应当放下点心，吃点心时则放下咖啡杯。

（六）如何品饮咖啡

咖啡的味道有浓淡之分，所以不能像喝茶或可乐一样，连续喝三、四杯，而以正式的咖啡杯的份量最好，以 80 ~ 100ml 为适量。有时候若想连续喝三、四杯，要将咖啡的浓度冲淡，或加入大量的牛奶，或在糖份的调配上多些变化，使咖啡更具美味。趁热喝是品味咖啡的必要条件，咖啡的最佳品尝温度 60 ℃左右，刚煮好的咖啡倒出后先闻香气，趁闻香气的时候，咖啡在 30s 左右就降到 60℃，此时就可以品尝味道了。另外，冷咖啡也别有一番风味，可以试试。

记住

1. 喝咖啡之前，先喝一口冰水。冰水有助于咖啡味道鲜明地浮现出来，让舌头上的味蕾都充分做好感受咖啡美味的准备。

2. 先趁热喝一口不加糖与奶品的咖啡，感受一下纯咖啡的风味。然后，加入适量的糖，再喝一口，最后再加入奶品，享受咖啡！

3. 享受一杯好咖啡，体会咖啡不同层次的口感，提高鉴赏咖啡的能力。

（七）咖啡太热怎么办

刚刚煮好的咖啡温度过高，可以用咖啡匙在杯中轻轻搅拌，稍等片刻，然后再品饮。用嘴去吹凉咖啡，是很不文雅的。

（八）咖啡心法

夏季人们愿意品饮淡淡的咖啡清火，冬季品饮浓咖啡增加热量。面对许多风味不同的咖啡，许多客人一直保持个人的品饮嗜好或习惯，咖啡师要研究客人的品饮喜好规律，用心记下常客品饮嗜好或习惯，服务好每一位客人。用精湛的咖啡调制技艺赢得客人的赞许，用精妙的咖啡创新引领咖啡品饮时尚。

技能训练

（一）挑选新鲜的摩卡咖啡豆

通过看、闻、剥挑选新鲜的摩卡咖啡豆，熟练辨别新豆与陈豆。

（二）咖啡研磨

能够用勺按量准确取咖啡豆，并迅速研磨好咖啡。

（三）咖啡萃取与滤压

咖啡萃取：按照表 1-3 中 3.(2) 项的方法、注意事项进行咖啡萃取技能练习。注意咖啡萃取要用 92℃ 左右的热水，避免咖啡与沸水接触。注意，向倾斜 45°滤压壶内注水的操作技巧，注水时滤压壶倾斜 45 度可以防止热水澎溅及咖啡萃取不均。准确掌握萃取时间。

咖啡滤压：按照表 1-3 中 3.(3) 项的方法、注意事项进行技能练习练习。注意，能够快速套上滤压器，控制压力使滤压器轻轻下压到底，保证过滤干净咖啡渣。

（四）服务咖啡前的质量检查

1．检查咖啡杯、杯子底盘、咖啡勺、咖啡伴侣的搭配要做到美观。
2．用 200 ~ 300ml 容量的咖啡杯，杯中咖啡八分满。
3．咖啡杯、盘等清洁无咖啡液渍。
4．咖啡服务时温度不低与 75℃，以保证客人加入咖啡调配品后，咖啡入口温度不低于 60℃。
5．调制出的咖啡色泽棕褐色，有少量白色细致的泡沫，咖啡液内不得有咖啡渣。

完成任务

（一）小组练习

将班上学生分成小组，各小组选一位组长带领组员，完成选咖啡豆、研磨、滤压冲泡、咖啡出品、咖啡服务等工作。

（二）小组评价

1．服务一杯好咖啡应知应会的知识有哪些？

2．出品客人喜欢的摩卡咖啡的关键有哪些？

（三）综合评价

综合评价包括小组之间的互评和老师对各小组工作的系统评价。主要评价项目如下：

1．品饮评价

品饮评价表

评 价 项 目	评 价 内 容	评 价 标 准	个 人 评 价	小 组 评 价	教 师 评 价
看	咖啡产品	咖啡整体形象： A 优、B 良、C 一般			
		咖啡颜色：A 浓重、B 清淡			
闻	咖啡	A 香气浓郁、B 香气清淡			
清饮	60℃咖啡 口含 0.5min	苦：A 强、B 中、C 弱			
		香：A 强、B 中、C 弱			
		酸：A 强、B 中、C 弱			
		甘：A 强、B 中、C 弱			
	20℃咖啡 口含 0.5min	苦：A 强、B 中、C 弱			
		香：A 强、B 中、C 弱			
		酸：A 强、B 中、C 弱			
		甘：A 强、B 中、C 弱			
加伴侣饮	60°C 咖啡 口含 0.5min	苦：A 强、B 中、C 弱			
		香：A 强、B 中、C 弱			
		酸：A 强、B 中、C 弱			
		甘：A 强、B 中、C 弱			
	20°C 咖啡 口含 0.5min	苦；A 强、B 中、C 弱			
		香：A 强、B 中、C 弱			
		酸：A 强、B 中、C 弱			
		甘：A 强、B 中、C 弱			
品饮礼仪		A 优、B 良、C 一般			
咖啡品饮 汇总			建议		

2．能力评价

能力评价表

内 容			评 价	
学 习 目 标		评 价 项 目	小 组 评 价	教 师 评 价
知识	应知应会	1．出品客人喜欢咖啡，有哪些关键	Yes / No	Yes / No
		2．咖啡服务方法，咖啡品饮礼仪	Yes / No	Yes / No
专业能力	1．用滤压冲泡调制咖啡 2．做好咖啡服务 3．鉴赏咖啡	1．滤压冲泡咖啡调制方法	Yes / No	Yes / No
		2．咖啡调制操作规范	Yes / No	Yes / No
		3．咖啡服务	Yes / No	Yes / No
		4．咖啡鉴赏	Yes / No	Yes / No
		5．吧台整理与器具保养	Yes / No	Yes / No

续表

内　　　容		评　　价	
学习目标	评价项目	小组评价	教师评价
通用能力　组织能力		Yes / No	Yes / No
沟通能力		Yes / No	Yes / No
解决问题能力		Yes / No	Yes / No
自我管理能力		Yes / No	Yes / No
创新能力		Yes / No	Yes / No
态度　敬岗爱业 态度认真		Yes / No	Yes / No
个人努力 方向与建议			

六、作业

1．给大家讲几段有的趣的咖啡故事。

2．简述咖啡品饮的相关知识。

3．简述滤压冲泡咖啡调制在操作时应注意的事项。

任务三　蓝山咖啡虹吸式调制

　　从前，英国士兵抵达牙买加岛东部的山脉，看到山峰笼罩着蓝色的光芒，便大呼："看啊，蓝色的山！"从此得名"蓝山"。实际上，牙买加岛被加勒比海环绕，每当灿烂的阳光照射在海面上，群山笼罩在蓝天碧海之中，显得缥缈空灵，颇具几分神秘色彩。蓝山盛产咖啡，外观看不出与众不同之处，却将独特的酸、苦、甘、醇等味道完美地融合在一起，形成强烈诱人的优雅气息，这是其他咖啡望尘莫及的，名副其实地成为咖啡中极品。

　　有人对享誉世界的蓝山咖啡这样评价："它是集所有好咖啡优点于一身的'咖啡美人'，它的味道芳香、醇厚，口感顺滑，给人们的感觉就像宝石一样珍贵。"

笼罩在蓝天碧海之中的蓝山

任务描述

　　客人惬意地落座于饭店的优雅环境之中，经由服务员的介绍，选到他喜欢的蓝山咖啡。愉快地欣赏咖啡师调制咖啡的精湛技艺；新奇地感受虹吸式咖啡调制过程的魅力与乐趣；咖啡出品时，享受服务人员高雅的服务；赞叹蓝山咖啡色、香、味、形、器的完美。蓝山咖啡如图 1-3-1 所示，可以想象到情、境、咖啡的完美融合，给客人创造了难忘的回忆。

图 1-3-1 美味的蓝山咖啡

任务分析

（一）调制方法的选择

虹吸式调制是调制蓝山咖啡的最佳方法。虹吸式调制新奇巧妙、咖啡萃取充分，调制的蓝山咖啡味道芳香、醇厚，口感顺滑；虹吸壶为透明玻璃器具，咖啡萃取过程一目了然，极具观赏性，加之适用于多种咖啡的调制，即便漂亮的玻璃器具易损、清理麻烦，也绝不妨碍人们对虹吸式调制的喜爱，被广泛使用。

（二）调制过程的分析

虹吸式调制方法调制咖啡，一般需通过准备工作、咖啡研磨、虹吸式咖啡萃取、咖啡出品、咖啡服务和咖啡品饮六个步骤完成。具体操作方法与注意事项如表 1-4 所示。

表 1-4

1. 准备工作		
操作方法		**注意事项**
虹吸壶 竹匙 图 1-3-2	**（1）准备器具用品** 虹吸壶一组、咖啡研磨机、酒精灯、打火机、搅拌用竹匙、拧干的湿抹布，如图 1-3-2 所示。	工作前检查器具用品是否完好，做好清洁保养。
① ② 图 1-3-3	**（2）装水** 注入 80~90℃ 热水（勿用矿泉水）置虹吸壶下座中，因咖啡粉吸水，装水时要高于三杯份标记上方 1cm，以保证调制足量的三杯咖啡。 注水时，左手持虹吸壶的手柄、右手持水壶操作。	1. 虹吸壶上座、下座都是玻璃器皿，清洁保养和使用时注意安全。 2. 虹吸壶下座不能有水滴，防止蒸煮咖啡时下座受热不均炸裂。

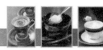

续表

操 作 方 法	注 意 事 项
 ③  ④ 图 1-3-3	操作时虹吸壶容量图标朝向调制者，便于观察和控制加水量。 　　擦干虹吸壶下座，须先用湿布擦拭下座左右两旁，再擦底部，防止先擦拭底部，下座侧面的水滴流淌至底部而被忽视，造成下座受热不均，造成炸裂，如图 1-3-3 所示。	3.水最好是选择第一次沸腾的水，不要用冷开水再煮沸，或电保温壶中保温一段时间的水调制。 4.注意手法卫生和安全操作。
 ①  ②  ③ 图 1-3-4	**（3）钩好滤芯** 　　把滤芯放进上座，用手拉住铁链尾端，轻轻钩在玻璃管末端。新滤芯第一次使用，用水与萃取过的咖啡粉蒸煮去味；用过的滤芯保持干燥或放进冰箱冷藏备用，检查滤芯与上座是否组合严密。若放置位置不正，可以用竹匙拨动调正，如图 1-3-4 所示。	1.钩好滤芯时，注意不要用力地突然放开钩子，以免损坏上座的玻璃管。 2.注意滤芯完好无破损，用过的滤芯洗净无咖啡粉残存，防止调制的咖啡内漏入咖啡粉，影响咖啡品质。
 图 1-3-5	**（4）斜插上座** 　　把上座斜插置下座，使上座橡胶边缘抵住下座的壶口，使铁链浸泡在下座的水里，如图 1-3-5 所示。	1.操作时要稳、准、快。 2.上座斜插下座时，确认放置平稳，方可把手松开。

续表

操 作 方 法	注 意 事 项
 图 1-3-6 **（5）烧水** 　　将酒精灯点燃置于下座正下方烧水，如图 1-3-6 所示。	安全操作避免灼伤。
  图 1-3-7 **（6）等待磨豆时机** 　　在下座连续冒出大气泡时，把上座扶正，轻轻下压，使之塞进下座。可以看到下座的水开始上升至上座，此时就可以开始磨豆子了，如图 1-3-7 所示。	1．下压上座时要与下座密封好。 2．注意下座的水开始上升时调小火力。

2．咖啡研磨

操 作 方 法	注 意 事 项
 图 1-3-8 **（1）调咖啡研磨度** 　　调咖啡研磨机至中等研磨度（3～3.5），如图 1-3-8 所示。	在烹煮之前磨咖啡，以保持咖啡品质，防止咖啡氧化失去香味。
 图 1-3-9 **（2）开启咖啡研磨机** 　　咖啡研磨机在空载状态下开启，如图 1-3-9 所示。	1．安全操作。 2．咖啡研磨机不要载荷启动。

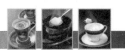

续表

操作方法	注意事项
 图 1-3-10 **(3) 咖啡研磨** 　　在咖啡研磨机出粉口下，准备好盛装咖啡粉的咖啡粉盒。 　　用勺取蓝山咖啡豆（约 36 ~ 45g）徐徐加进研磨机漏斗开始研磨，待研磨机恢复至开启的声音时，咖啡已研磨好，如图 1-3-10 所示。	研磨散发热将导致咖啡香味提早溢散，应避免长时间研磨，降低研磨机热度。

3. 咖啡萃取

操作方法	注意事项
图 1-3-11 **(1) 装咖啡粉** 　　待水完全上升至上座以后，稍待几秒钟，等上升至上座的气泡减少后，再倒进咖啡粉。用搅拌竹匙左右拨动，把咖啡粉均匀地拨入水中，如图 1-3-11 所示。	搅拌时将竹匙左右方向拨动，将浮在水面的咖啡粉下压进水中。
① ② 图 1-3-12 **(2) 咖啡萃取** 　　第一次搅拌后，计时 30s，再作第二次搅拌，再计时 20s，即可将酒精灯移开，竹匙要顺时针搅拌，上座中的液体随竹匙顺时针流动，充分萃取咖啡粉中的精华，如图 1-3-12 所示。	1. 搅拌要轻柔，避免过度搅拌。 2. 保持 90℃ 左右的水冲泡上座中的咖啡，时间在 50s 内完成。避免咖啡与沸水接触，影响品质。 3. 注意移开酒精灯要随手盖上灯盖。
图 1-3-13 **(3) 完成咖啡萃取** 　　用湿抹布，在下座侧面降温，可以看到上座的咖啡液被快速吸至下座。如果咖啡新鲜，下座会有很多浅棕色的泡沫，如图 1-3-13 所示。	1. 勿使湿布触到下座底部酒精灯火焰接触的部位，防止下座骤冷爆裂。 2. 安全操作避免灼伤事故。

4．咖啡出品

操作方法	注意事项
（1）咖啡出品准备 　　备好温热的咖啡杯，温杯可用电加热或热水温杯，如图 1-3-14 所示。 图 1-3-14	咖啡杯和咖啡不可随意搭配，要精心设计。
（2）咖啡出品 　　拔取上座：咖啡被吸至下座后，一手握住上座，一手握住下座把手，轻轻左右摇晃上座，将上座拔下。 　　斟倒咖啡：把下座中的咖啡斟到咖啡杯中至八分满。 　　服务准备：备好咖啡搅拌勺、杯垫，客人调制咖啡用的糖、奶品，便可以为客人服务，如图 1-3-15 所示。 图 1-3-15	1．安全操作避免灼伤事故。 2．注意咖啡杯外表、底盘不能有溢出的咖啡。 3．调制后所用器具应及时清洗归位。

5．咖啡服务同任务一

相关知识

（一）虹吸式咖啡调制原理

　　虹吸咖啡壶又称塞风咖啡壶，是由苏格兰海军工程师罗伯特·内皮尔于 1840 年发明的。虹吸式咖啡调制原理非常科学，又奇妙有趣。当加热虹吸壶装水的下座时，下座内的水蒸气气压增大，使下座内的热水压至上座中萃取咖啡，咖啡充分萃取完毕，立即冷却下座，使下座内水蒸气冷凝减压，然后迅速从上座中抽提咖啡精华至下座。

（二）咖啡成分与味道

　　脂肪：咖啡内的脂肪分为好多种，而其中最主要的是酸性脂肪和挥发性脂肪；酸性脂肪

是指脂肪中含有酸,其酸性的强弱会因咖啡种类不同而异。挥发性脂肪是咖啡香气的主要来源,散发 40 种芳香物质,是极复杂又微妙的成分。

咖啡因:适量的咖啡因会促进感觉、判断、记忆、感情活动,让心肌机能变得较为活泼,血管扩张血液循环增强,并提高新陈代谢机能。咖啡因可减轻肌肉疲劳,促进消化液分泌,促进肾脏机能,有利尿作用,所以咖啡因不会长时间积存在体内,2h 左右便会排泄掉,即便如此,每天饮用咖啡建议控制在 2 ~ 3 杯为好。

糖分:咖啡豆所含的糖分约有 8%,烘焙后糖分大部份会转化成为焦糖,为咖啡带来独特的褐色。

丹宁酸:丹宁酸很容易溶入水中,经煮沸会分解使咖啡味道变差。

矿物质:有石灰、铁质、硫磺、磷、碳酸钠、氯会给咖啡带来稍许涩味。

粗纤维:生豆的纤维经烘焙后会炭化形成咖啡的色调,纤维质会给咖啡风味上带来影响。

苦味:咖啡因,咖啡基本味道。

酸、涩味:丹宁酸,咖啡基本味道。

浓醇味:咖啡油浓厚、芳醇的味道。

咖啡香味:咖啡生豆里的咖啡香素、脂肪、蛋白质,是香气的来源。

甜味:咖啡豆内糖分的味道。

(三)咖啡伴侣

糖:咖啡加糖可以缓和苦味,加不同糖会调制出不同的咖啡风味。

1. 糖粉:属于精制糖,易于溶解,通常以 5 ~ 8 g 的小包装便于使用。

2. 方糖:精制糖加水凝固成块状。方糖便于保存,溶解速度快。

3. 白砂糖:属精制糖,粗粒结晶固体,多以 8 g 小包装便于使用。

4. 黑砂糖:褐色砂糖,有焦味。可根据客人喜好使用,用于爱尔兰咖啡的调制效果较好。

5. 冰糖:呈透明结晶状,甜味淡,不易溶解。通常磨成细颗粒,用于咖啡或茶等。

6. 咖啡糖:专门用于咖啡的糖,为咖啡色的砂糖或方糖,咖啡糖留口中的甜味更持久。

奶制品:咖啡与各类奶制品会形成完美的交融。令人享受浓香的咖啡。

1. 鲜奶油:这是从新鲜牛奶中,分离出脂肪的高浓度奶油,冲泡咖啡通常使用含脂肪量 25% ~ 35% 的鲜奶油。

2. 发泡式奶油:鲜奶油经搅拌发泡变成泡沫奶油,这种奶油配浓咖啡,味道最佳。

3. 炼乳:把牛奶浓缩 1 ~ 2.5 倍,就成为无糖炼乳。冲泡咖啡时,油脂会在咖啡表层上浮,而炼乳融入咖啡中。

4. 牛奶和奶精:牛奶适用于调和浓缩咖啡或花式咖啡,鲜奶味道清甜芳香,不会影响咖啡的香味,是欧洲人最爱加在咖啡中的奶制品。奶精则使用方便,且容易保存。

(四)咖啡豆烘焙简介

咖啡豆烘焙是非常重要的。烘焙过程中咖啡中所含的糖和其他碳水化合物炭化,咖啡获得特别的味道和香气。生咖啡豆保鲜期为一年,经过烘焙后的咖啡豆若无特殊包装则保鲜期为一周,所以咖啡豆都是小批量烘焙,越来越多的咖啡厅自己烘焙,如图 1-3-16 所示。常见的烘焙设备有:鼓室烘焙机和热空气烘焙机。鼓室烘焙机是把咖啡豆放入旋转的大桶中,燃烧煤气

或木头对其进行烘焙，如图 1-3-17 所示。空气烘焙机是靠在热空气中翻滚咖啡豆，来进行烘焙。当达到预期的烘培度时，可以把咖啡豆倒入一个冷却容器中，以防止烘焙过度，如图 1-3-18 所示。

根据咖啡豆烘焙程度分为轻度烘焙、中度烘焙和深度烘焙。

● 轻度烘焙的咖啡豆颜色是介于肉桂色与浅巧克力色之间。由于它的味道偏酸，为美国西部人士所喜好，不用于制作意式浓缩浓咖啡。

● 中度烘焙的咖啡豆苦甜参半其风味更加浓郁。烘焙度越深，咖啡因含量越少，酸度也越小。主要用于混合式咖啡，为日本、北欧人士喜爱。

● 深度烘焙的咖啡豆颜色介于富有缎面光泽的巧克力色到油亮的棕黑色。烘焙度越深，你所尝到的焦糊感越重，咖啡豆本身的风味也越轻，适用于调制浓缩咖啡。

咖啡豆要保存在干净、干燥、密封的容器中，并应放在避光的地方。不要把咖啡豆放入冰箱中储存或冷藏，因为咖啡豆会吸收冰箱中的气味、破坏咖啡豆的品质。新购买的咖啡豆应在一周内用完比较理想。

  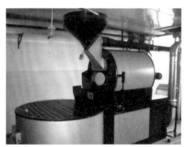

图 1-3-16　查看咖啡豆烘焙程度　　　　图 1-3-17　鼓室烘焙机　　　　图 1-3-18　空气烘焙机

（一）挑选新鲜的蓝山咖啡豆

通过看、闻、剥挑选新鲜的蓝山咖啡豆，熟练辨别新豆与陈豆。

（二）咖啡研磨

能够用勺按量准确取咖啡豆，并迅速研磨好咖啡。

（三）虹吸式咖啡萃取

虹吸式咖啡萃取准备：按照表 1-4 中 1.(2) ~ 1.(6) 项的方法和注意事项进行虹吸式咖啡萃取的准备。注意避免高温灼伤，玻璃器具损坏。咖啡萃取的水温为 92℃左右，避免咖啡与沸水接触。注意向倾斜 45°滤压壶内注水的操作技巧，注水时滤压壶倾斜 45°可以防止热水澎溅及咖啡萃取不均。

虹吸式咖啡萃取：按照表 1-4 中 3.(1) ~ 3.(3) 项的方法、注意事项进行虹吸式咖啡萃取技能练习。注意控制水温、搅拌度、萃取时间。注意避免高温灼伤，玻璃器具损坏。

（四）服务咖啡前的质量检查

1．检查咖啡杯、杯子底盘、咖啡勺、咖啡伴侣的搭配要美观。

2．用 200 ~ 300ml 容量的咖啡杯，杯中咖啡八分满。

3．咖啡杯、盘等清洁无咖啡液渍。

4．咖啡出品温度不低与 75℃，以保证客人自己调配后，入口温度不低于 60℃。

5．调制出的咖啡色泽棕褐色，有少量白色细致的泡沫。咖啡液内不得有咖啡渣。

完成任务

（一）小组练习

将班上学生分成小组，各小组选一位组长带领组员，完成准备工作、咖啡研磨、虹吸式咖啡萃取、咖啡出品、咖啡服务和咖啡品饮等工作。

（二）小组评价

1．服务一杯好咖啡应知应会的知识有哪些？

2．用虹吸式咖啡调制法出品客人喜欢的咖啡有哪些关键？

（三）综合评价

综合评价包括小组之间的互评和老师对各小组工作的系统评价。主要评价项目如下：

1．品饮评价

品饮评价表

评价项目	评价内容	评价标准	个人评价	小组评价	教师评价
看	咖啡产品	咖啡整体形象：A 优、B 良、C 一般			
		咖啡颜色：A 浓重、B 清淡			
闻	咖啡	A 香气浓郁、B 香气清淡			
清饮	60℃咖啡 口含 0.5min	苦：A 强、B 中、C 弱			
		香：A 强、B 中、C 弱			
		酸：A 强、B 中、C 弱			
		甘：A 强、B 中、C 弱			
	20℃咖啡 口含 0.5min	苦：A 强、B 中、C 弱			
		香：A 强、B 中、C 弱			
		酸：A 强、B 中、C 弱			
		甘：A 强、B 中、C 弱			
加伴侣饮	60℃咖啡 口含 0.5min	苦：A 强、B 中、C 弱			
		香：A 强、B 中、C 弱			
		酸：A 强、B 中、C 弱			
		甘：A 强、B 中、C 弱			
加伴侣饮	20℃咖啡 口含 0.5min	苦：A 强、B 中、C 弱			
		香：A 强、B 中、C 弱			
		酸：A 强、B 中、C 弱			
		甘：A 强、B 中、C 弱			
品饮礼仪		A 优、B 良、C 一般			
咖啡鉴赏汇总			建议		

2．能力评价

能力评价表

内 容		评 价	
学 习 目 标	评 价 项 目	小 组 评 价	教 师 评 价
知识 应知应会	1．出品客人喜欢咖啡，有哪些关键	Yes / No	Yes / No
	2．咖啡服务方法，咖啡品饮礼仪	Yes / No	Yes / No
专业能力 1．虹吸式咖啡调制 2．做好咖啡服务 3．鉴赏咖啡	1．虹吸式咖啡调制方法	Yes / No	Yes / No
	2．咖啡调制操作规范	Yes / No	Yes / No
	3．咖啡服务	Yes / No	Yes / No
	4．咖啡鉴赏	Yes / No	Yes / No
	5．吧台整理与器具保养	Yes / No	Yes / No
通用能力	组织能力	Yes / No	Yes / No
	沟通能力	Yes / No	Yes / No
	解决问题能力	Yes / No	Yes / No
	自我管理能力	Yes / No	Yes / No
	创新能力	Yes / No	Yes / No
态度	敬岗爱业 态度认真	Yes / No	Yes / No
个人努力方向与建议			

作 业

1．给大家讲几段有趣的咖啡故事，并为客人介绍蓝山咖啡。

2．简述如何用咖啡伴侣的调配咖啡？

3．简述虹吸式调制操作的注意事项？

单元实训 经典单品咖啡调制

（一）完成任务

1．小组活动：选择同一种咖啡豆，用学过的咖啡调制方法分别调制一杯咖啡，经过品饮对比总结出各自的口味特点。选择不同种咖啡豆分别完成上述调制和口味对比，做到依据客人需求选择咖啡豆及最佳的调制方法。做好小组间交流，并得出结论。

2．个人完成：任选滤杯式、滤压冲泡式、虹吸式其中一种咖啡调制方法，独立调制一杯咖啡并邀请同学品尝。

3．代表表演：用指定调制方法做一杯咖啡并邀请同学品尝。

（二）小组评价

1．服务一杯好咖啡应知应会的知识有哪些？

2．用滤杯式、滤压冲泡、虹吸式咖啡调制有哪些关键？

（三）综合评价

综合评价包括小组之间的互评和老师对各小组工作的系统评价。主要评价项目如下：

1．品饮评价

品饮评价表

鉴赏项目	鉴赏内容	鉴赏标准	个人评价	小组评价	教师评价
看	咖啡产品	咖啡整体形象：A 优、B 良、C 一般			
		咖啡颜色：A 浓重、B 清淡			
闻	咖啡	A 香气浓郁、B 香气清淡			
清饮	60℃咖啡 口含 0.5min	苦：A 强、B 中、C 弱			
		香：A 强、B 中、C 弱			
		酸：A 强、B 中、C 弱			
		甘：A 强、B 中、C 弱			
	20℃咖啡 口含 0.5min	苦：A 强、B 中、C 弱			
		香：A 强、B 中、C 弱			
		酸：A 强、B 中、C 弱			
		甘：A 强、B 中、C 弱			
加伴侣饮	60℃咖啡 口含 0.5min	苦：A 强、B 中、C 弱			
		香：A 强、B 中、C 弱			
		酸：A 强、B 中、C 弱			
		甘：A 强、B 中、C 弱			
	20℃咖啡 口含 0.5min	苦：A 强、B 中、C 弱			
		香：A 强、B 中、C 弱			
		酸：A 强、B 中、C 弱			
		甘：A 强、B 中、C 弱			
品饮礼仪		A 优、B 良、C 一般			
咖啡鉴赏汇总		建议			

2．能力评价

能力评价表

内容			评价	
学习目标		评价项目	小组评价	教师评价
知识	应知应会	1．出品客人喜欢的蓝山咖啡的关键	Yes / No	Yes / No
		2．咖啡服务方法，咖啡品饮礼仪	Yes / No	Yes / No
专业能力	1．能够调制单品咖啡 2．做好咖啡服务 3．鉴赏咖啡	1．咖啡调制操作方法	Yes / No	Yes / No
		2．咖啡调制操作规范	Yes / No	Yes / No
		3．咖啡服务	Yes / No	Yes / No
		4．咖啡鉴赏	Yes / No	Yes / No
		5．吧台整理与器具保养	Yes / No	Yes / No

续表

内　　　容		评　　价	
学 习 目 标	评 价 项 目	小 组 评 价	教 师 评 价
通用能力 组织能力		Yes / No	Yes / No
沟通能力		Yes / No	Yes / No
解决问题能力		Yes / No	Yes / No
自我管理能力		Yes / No	Yes / No
创新能力		Yes / No	Yes / No
态度 敬岗爱业 态度认真		Yes / No	Yes / No
个人努力方向与建议			

作 业

1．结合单元训练，简述用滤杯式、滤压冲泡、虹吸式调制同种咖啡，各自有什么口味特点？

2．利用业余时间参观饭店、咖啡馆，针对其环境、氛围、咖啡调制、咖啡服务，谈谈体会。

3．请你分析：【咖啡放凉以后】

一位客人，要了杯热咖啡。服务员迅速服务咖啡，恰巧客人来电话了，十几分钟后，客人发现咖啡已经凉了，便投诉咖啡不热……服务员应该：

A．在征得客人同意后给他换了一杯热咖啡；

客人会＿＿＿＿＿。

B．立即给客人热一下；（提示：放了十几分钟后再热一下的咖啡，品质会变差）

客人会＿＿＿＿＿。

C．先道歉，提示客人打电话的时间久了，再征求客人意见决定怎样服务。

客人会＿＿＿＿＿。

【共同探讨】咖啡变凉的原因确实是因客人接电话时间长所致，服务员不要过多地跟客人解释，应充分尊重客人。在征得客人同意后马上为他换了一杯热咖啡，这体现了良好的服务意识，把"对"让给了客人。服务员良好的修养，会赢得客人赞许。

在本例中，如果服务员能更细心一点，在客人回来之前就能意识到咖啡有变凉的可能，及时征求客人是否要更换热咖啡，能够服务于客人开口之前，这才是满意服务的点睛之笔。

所以服务工作要明确两点：一是关爱服务应体现在行动上，用具体的服务行动来实现"满意服务、超值服务、惊喜服务"的美好愿望，这是最关键的。换了一杯热咖啡，即满足了客人需求，又会赢得他长期的光顾，两全其美。二是不间断地研究客人需求，设计服务预案。如果服务人员总是有准备地提供服务，客人会感到，每一次服务都迅速有效，每一次需求都是尽善尽美。

【服务提升】

1．小组共同探讨，本案例情况下，服务如何改进会做得更好。

2．小组共同研究咖啡服务中，客人各种需求，做好服务预案的设计。

读书笔记

浓缩咖啡调制

意大利浓缩咖啡 Espresso 被咖啡爱好者所熟知，意大利人发明浓缩咖啡机和摩卡壶及相应的咖啡调制方法，出品的浓缩咖啡又香又浓，上面浮着一层金黄的咖啡脂。浓缩咖啡视觉、口味上的特别，使人们品尝后便陷入无法言语的魅力之中，难以割舍。意大利人起床第一件事就是煮一杯咖啡，男女老少几乎从早到晚都在品饮咖啡，街上到处可见 BAR 的咖啡厅。因为意大利浓缩咖啡的魅力所在，所以至今仍风靡全球。

浪漫典雅的台面设计

Espresso（浓缩咖啡）这个词来源于意大利语，意思是"快"，意大利摩卡壶与浓缩咖啡机萃取咖啡的原理相同，利用蒸气压力瞬间将咖啡液抽出。浓缩咖啡机在 20～30s 内制成浓缩咖啡，意大利摩卡壶也利用蒸气压力完成瞬间咖啡萃取。浓缩咖啡机可以连续抽取数杯咖啡，冲煮过程中的高压能将咖啡豆中的油质和胶质乳化溶解，豆中的精华被完全萃取出来，使得煮出的咖啡浓度更浓，口感和香味更好。制成的浓缩咖啡立刻被送到客人面前，杯中的浓缩咖啡像热蜂蜜一样，颜色呈红棕色。上面覆盖一层咖啡油散发出浓郁的咖啡香气，口感顺滑，有厚重的甜味和强烈的香味。完美的浓缩咖啡不需添加任何附加物直接品饮。加入牛奶时，牛奶、咖啡轮廓清晰，不易消失；饮用后，口腔内令人愉悦的香味持久。摩卡壶虽仅限一至二人使用，但客人可以享用精巧的摩卡壶独自斟饮，情趣别样。浓缩咖啡既是人们品饮的最爱，又是制作各类花式咖啡的必备基底咖啡。

学习目标

· 摩卡壶调制调制浓缩咖啡。
· 意大利咖啡机调制浓缩咖啡。

意大利浓缩咖啡机

精致的摩卡壶和咖啡杯

牛奶、浓缩咖啡轮廓清晰

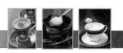
任务一　摩卡壶调制浓缩咖啡

摩卡壶是使高压蒸汽直接通过咖啡粉，让蒸汽瞬间穿过咖啡粉的细胞壁，萃取咖啡的精华。调制出的浓缩咖啡具有浓郁的香味及强烈的苦味，咖啡的表面浮现一层薄薄的芳香油，这层油正是浓缩咖啡诱人香味的来源。

任务描述

温馨浪漫的咖啡厅，伴着咖啡的醇香，心情不错的客人对服务员说："两杯浓咖啡"。服务员礼貌回应道："先生，两杯浓缩咖啡是吗……，马上就好"。片刻，客人便可用精巧的摩卡壶独自斟饮，摩卡壶调制的咖啡，萃取充分，芬芳浓郁……。这是许多客人喜欢品饮的咖啡佳品，如图 2-1-1 所示。

图 2-1-1　斟饮咖啡佳品

任务分析

（一）调制方法的选择

用摩卡壶调制客人喜欢的浓缩咖啡，瞬间充分完成咖啡精华的萃取。咖啡口味香浓，虽然整个调制过程时间略长于咖啡机调制，但客人可以观赏到精巧的摩卡壶，享受独自斟饮的情趣，这也是摩卡壶调制咖啡的魅力所在。这种方法需要的器具较少，调制程序简单，成本较低，出品的浓缩咖啡质量好，所以被广泛使用。

（二）调制过程的分析

摩卡壶调制方法调制咖啡，一般需通过准备工作、咖啡研磨、摩卡壶咖啡萃取、咖啡出品、咖啡服务五个步骤完成。具体操作方法与注意事项如表 2-1 所示。

表 2-1

1. 准备工作

操作方法	注意事项
(1) 准备器具、原料 　　器具用品：摩卡壶、咖啡研磨机、咖啡杯、托盘、电炉。 　　原料：综合咖啡豆、糖、奶品。 　　如图 2-1-2 所示。 **摩卡壶** 图 2-1-2	1．工作前检查器具用品是否完好，做好清洁保养。 2．火源可用酒精灯、燃气炉。
(2) 准备摩卡壶 　　准备滤纸或滤布，以咖啡盛器内的圆为准，在纸上或布上画出器内圆的大小。剪成圆片封于摩卡壶上座滤网处，避免煮出来的咖啡出现咖啡渣。如图 2-1-3 所示。 **滤纸**　①　② **摩卡壶**　③　④ **上座**　⑤ 图 2-1-3	1．滤布不能大于咖啡盛器内圆，否则会造成壶内压力太大，蒸汽会外溢。 2．如果是滤布，应用水冲洗，避免布浆味影响咖啡品质。 3．咖啡杯底没有咖啡渣，是一种咖啡的礼节。
(3) 准备水 　　以每杯 30ml 计算，量出所需的水量煮沸。将水倒入下座，注意水不能超出出水孔的水平面高度。如图 2-1-4 所示。 图 2-1-4	1．注意不要用矿泉水最好是用滤水器滤出来的水。 2．将热水倒入下座，高度不要超过洩压阀。否则加热后水蒸气喷出，造成危险。

2. 咖啡研磨

操作方法	注意事项
(1) 调咖啡研磨度 　　调咖啡研磨机至极细研磨度（1 ~ 1.5），如图 2-1-5 所示。 图 2-1-5	在调制之前磨咖啡，以保持咖啡品质，防止咖啡氧化失去醇香的口味。

咖啡调制与服务 ● ● ●

续表

操作方法	注意事项
 图 2-1-6 **（2）开启咖啡研磨机** 　　咖啡研磨机在没有装咖啡豆状态下开启，如图 2-1-6 所示。	1. 安全操作。 2. 咖啡研磨机不要载荷起动。
 图 2-1-7 **（3）咖啡研磨** 　　在咖啡研磨机下，准备好盛装咖啡粉的器具。 　　用勺取综合咖啡豆（约每杯 7 ~ 10g），从研磨机漏斗加进研磨，待研磨机恢复至开启的声音时，咖啡已研磨好，如图 2-1-7 所示。	1. 提前测定每勺咖啡的份量，以方便用勺量取咖啡。 2. 研磨机不要长时间研磨，避免产生高温导致咖啡香味溢散。

3. 咖啡萃取

操作方法	注意事项
 **（1）装咖啡粉** 　　咖啡粉装入咖啡盛器，用勺抹平咖啡粉。	1. 检查上壶橡胶垫圈是否松弛，更换松弛橡胶垫圈。 2. 如果喜欢浓咖啡，可以在填粉时，用压板轻压后，填满已压平的空间，然后再轻压一次。
 　　再用压板轻轻地压平咖啡粉。	
 图 2-1-8 　　清除咖啡盛器边缘的咖啡粉，否则会影响到白色橡胶垫圈的使用寿命。白色的垫圈平时不需要和上壶分开，以免清洗时遗失，如图 2-1-8 所示。	

操作方法	注意事项
图 2-1-9	**(2) 组装摩卡壶** 将盛好咖啡粉的咖啡盛器锁上滤盖，置于下壶上口，再锁住上壶，要注意上下壶之间的螺纹，小心锁紧。放在加热器上，开始加热，如图 2-1-9 所示。	注意上下壶锁紧。下壶加入热水，上下壶锁紧可用毛巾隔热防烫。
图 2-1-10	**(3) 咖啡萃取** 在加热的过程中，会听到快速的嘶嘶声，当声音转成啵啵声时，表明下壶的水分通过咖啡粉升至上壶。凭经验用听判断，也可以直接打开上盖看（不会影响咖啡的品质），蒸汽孔已经停止冒蒸汽，就表示萃取过程已经完成，可以准备出品咖啡了，如图 2-1-10 所示。	1. 器具高温，注意操作安全。 2. 避免下壶的水烧干造成危险。

4. 咖啡出品

操作方法	注意事项
图 2-1-11	**(1) 咖啡出品准备** 按咖啡调制份数备好温热的咖啡杯，咖啡杯可用电加热或热水温杯，如图 2-1-11 所示。	咖啡杯和咖啡不可随意搭配，要精心设计。
图 2-1-12	**(2) 咖啡出品** 取下摩卡壶，备好咖啡杯。配上咖啡搅拌勺、杯垫、客人调制咖啡用的糖、奶品。可以	安全操作。

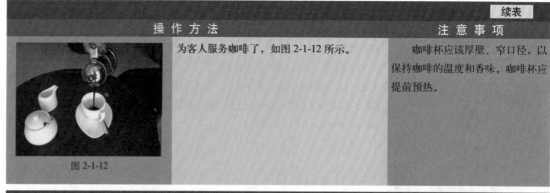

	续表
操作方法	注意事项
为客人服务咖啡了，如图 2-1-12 所示。	咖啡杯应该厚壁、窄口径，以保持咖啡的温度和香味。咖啡杯应提前预热。

图 2-1-12

5. 咖啡服务同单元一中的任务一

相关知识

（一）综合咖啡

综合咖啡也称混合咖啡，一般是由三种或三种以上不同品种的咖啡，按其酸、苦、甘、香、醇调配成另一种具有特殊风味的咖啡。好的综合咖啡调配完成后清香扑鼻、滑润爽口、色泽金黄，是咖啡中的上品。混合调配而成的咖啡饮品，随意性很强，追求个性色彩。调配的综合咖啡必须新鲜，使用焙制后 4 天之内的咖啡豆为佳。

（二）综合咖啡种类及调配

全世界有 50 多个国家生产出 3 000 多种咖啡豆。大致分为阿拉比卡咖啡品种和罗巴斯塔咖啡品种两大类。阿拉比卡的品质较高，口感略酸，但香味较浓，而罗巴斯塔则口味浓烈，通常与其他咖啡豆成品混合拼配。一些高品质的咖啡豆，例如哥伦比亚豆、蓝山豆、肯尼亚豆、巴西圣多斯豆都属阿拉比卡类；而像海南咖啡、印尼咖啡都属罗巴斯塔类。

用不同种类的咖啡，调制出期望口味的综合咖啡。咖啡师根据客人喜好自己调配，也可采购时由供货商按要求拼配综合咖啡。常见的综合咖啡主要有以下几种：

1．口味均衡的综合咖啡

配方：危地马拉咖啡豆：墨西哥咖啡豆：巴西咖啡豆：乞力马扎罗咖啡豆 =3：3：3：1。

顶级综合咖啡是酸味、苦味、香味的最佳配合，是将这些咖啡豆混合在一起调配出的咖啡豆。酸味浓重的危地马拉咖啡豆，兼具酸味和甜味的墨西哥咖啡豆，苦味柔和的巴西豆，将这些咖啡豆按比例调配，再混入适量酸味浓重的乞力马扎罗咖啡豆，调制出的咖啡口味均衡，浓度适中。

乞力马扎罗山简介

"乞力马扎罗"在非洲斯瓦希里语中，意为"光明之山"。乞力马扎罗山素有"非洲屋脊"之称，而许多地理学家则喜欢称它为"非洲之王"。

乞力马扎罗山位于坦桑尼亚东北部，是坦桑尼亚和肯尼亚的分水岭，乞力马扎罗山有两个主峰，一个叫基博，另一个叫马文济，坦桑尼亚独立后，基博峰已改名为

续上

 **乞力马扎罗山简介**

"乌呼鲁峰"了。两峰之间有一个10多公里长的马鞍形的山脊相连。其年轻的主峰乌呼鲁峰海拔5 895m，是非洲最高的山峰，面积756平方公里，坐落于南纬3°，距离赤道仅300多公里。

乞力马扎罗山气候因地形不同而异，河谷暖热，年降水量800～900mm；山地凉爽多雨，年降水量在迎风坡达1 600～1 800mm。潘加尼河自西北流向东南，构成西部与阿鲁沙区的边界，是重要咖啡、甘蔗产区，还生产香蕉、小麦、剑麻等。

2．苦味为主的综合咖啡

配方：曼特宁咖啡豆：哥伦比亚咖啡豆：巴西咖啡豆：乞力马扎罗咖啡豆=4：3：2：1。

调配出口味浓重的咖啡豆就要选用口味浓郁的咖啡豆，用的咖啡豆有印度尼西亚产的苏门答腊曼特宁，苦味浓厚并且具有酸味的哥伦比亚豆，苦味酸味适中的巴西豆，以及以酸味为主的乞力马扎罗豆。这样调出的咖啡苦味较重，深受咖啡爱好者的喜爱。

3．酸味为主的综合咖啡

配方：乞力马扎罗咖啡豆：摩卡咖啡豆：巴西咖啡豆：夏威夷科纳咖啡豆=4：2：2：2。

调配出口味酸味浓重的咖啡，就要以乞力马扎罗咖啡豆为主，在此基础上，配上埃塞俄比亚产的口味柔和的摩卡，以及巴西豆和酸度适中的夏威夷科纳咖啡豆，这样就能调配出酸味突出的综合咖啡了。

夏威夷科纳咖啡简介

夏威夷的沙滩、季风和火山，其独特的气候环境造就了夏威夷科纳完美的味道。蜚声世界的"夏威夷科纳"是香醇而酸的上等咖啡豆。

夏威夷是美国唯一一个种植咖啡的州，咖啡产自夏威夷群岛的五个主要岛屿上，它们是瓦胡岛、夏威夷岛、毛伊岛、考爱岛和毛罗卡岛。不同岛屿出产的咖啡也各有特色，考爱岛的咖啡柔和而滑润、毛罗卡岛的咖啡醇度高而酸度低、毛伊岛的咖啡中等酸度但是风味最强。夏威夷人为他们百分百本土种植的阿拉比卡咖啡豆而无比自豪。

夏威夷岛是夏威夷群岛中最大的一个岛屿，因此也叫做大岛，科纳咖啡就出产于夏威夷岛科纳地区的西部和南部，咖啡树遍布于霍阿拉拉和毛那洛亚的山坡上，这里海拔高度是150～750m，正适合咖啡生长。

科纳咖啡的优良品质得益于适宜的地理位置和气候。咖啡树生长在火山山坡上，地理位置保证了咖啡生长所需要的海拔高度；深色的火山灰土壤为咖啡的生长提供了所需的矿物质；早上的太阳光温柔地穿过充满水汽的空气，到了下午，山地就会变得更加潮湿而多雾，空中涌动的白云更是咖啡树天然的遮阳伞，而晚上又会变得晴朗而凉爽，但绝无霜降。适宜的自然条件使科纳咖啡的平均产量非常高，可以达到2 240kg/km²，

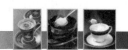

续上

夏威夷科纳咖啡简介

而在拉丁美洲，咖啡的产量只有 600 ~ 900kg/km²。

1813 年，一个西班牙人首次在瓦胡岛马诺阿谷种植咖啡，今天，这个地方已经成了夏威夷大学的主校区。1825 年，一位名叫约翰·威尔金森的英国农业学家从巴西移植来一些咖啡种在瓦胡岛伯奇首长的咖啡园中。三年以后，一个名叫萨缪尔·瑞夫兰德·拉格斯的美国传教士将伯奇首长园中咖啡树的枝条带到了科纳，这种咖啡树是最早在埃塞俄比亚高原生长的阿拉比卡咖啡树的后代，直到今天，科纳咖啡仍然延续着它高贵而古老的血统。

4．香味为主的综合咖啡

配方：危地马拉咖啡豆：乞力马扎罗咖啡豆：摩卡咖啡豆 =4：3：3。

香味为主的混合咖啡是以香醇馥郁而略具野性的危地马拉咖啡为主，配以酸味见长的乞力马扎罗咖啡和具有自然果香的摩卡咖啡，调配出芳香浓郁的综合咖啡。其中危地马拉咖啡最适合用来调配成混合咖啡。

5．美式混合咖啡

配方：巴西咖啡豆：墨西哥咖啡豆：牙买加水洗咖啡豆 =5：3：2。

对于不喜欢口味偏苦，也不喜欢单品咖啡，只追求属于自己喜欢口味的人来说，美式综合咖啡应该是首选了。它选用的是中度烘焙的咖啡豆，以酸苦口味均衡的巴西豆为主，配以酸甜可口的墨西哥豆以及具有香味和苦味的牙买加水洗豆，调配出别具风味的美式混合咖啡。

6．浓郁厚重的综合咖啡

配方：哥伦比亚咖啡豆：巴西咖啡豆：爪哇咖啡豆 =5：3：2。

突出咖啡浓重的口味。用酸度适中的哥伦比亚，配上口味均衡的巴西豆以及香浓厚重、苦味突出的爪哇咖啡。若想增加一些甜味，可配些苦味柔和的咖啡豆。

爪哇咖啡简介

印度尼西亚是世界上五大咖啡生产国之一。生产的爪哇咖啡得到较高的评价，它具有特别的苦味与香味。调配综合咖啡时，爪哇咖啡突显它浓缩风味的功效。

（三）浓缩咖啡杯

浓缩咖啡杯应该是厚壁、窄口径，以保持咖啡的温度和香味。咖啡杯要通过咖啡机以外的热源预热（暖杯），若从咖啡机中取走一杯水去暖杯会降低水温，导致萃取咖啡不均匀。

 技能训练

（一）挑选综合咖啡豆

通过看、闻、剥的方法，熟练辨别综合咖啡豆是新豆还是陈豆。掌握常见综合咖啡拼配配方及各自风味特点（见本任务中相关知识），选择客人喜欢的综合咖啡豆。

（二）咖啡研磨

能够用勺准确量取所需数量的咖啡豆，并迅速研磨咖啡。

（三）摩卡壶的使用

装咖啡粉：按照表 2-1 中 3.(1) 项的方法和注意事项，进行装咖啡粉技能练习。准备滤纸或滤布，剪成圆片封于咖啡盛器内，避免煮出来的咖啡出现咖啡渣。注意，装咖啡粉量及压粉的力度，装咖啡粉量过多，没有留有咖啡粉遇水膨胀的空间，压粉的力度太大，高压的水和水蒸气难以通过过于紧密的咖啡粉，压粉的力度太小摩卡壶内不能形成理想的高压，这些都会影响咖啡的萃取。

摩卡壶装水：水以每杯 30ml 计算，量出所需的水量煮沸。将水倒入下壶，注意水不能超过出水孔的水平面高度。否则会造成摩卡壶内压力过高甚至爆炸的危险。

组装摩卡壶：按照表 2-1 中 3.(2) 项的方法、注意事项进行组装摩卡壶技能练习。组装摩卡壶不要用力拧摩卡壶把手，避免拧断。可用力拧摩卡壶身。注意摩卡壶内盛装的热水，避免灼伤。

咖啡萃取：按照表 2-1 中 3.(3) 项的方法、注意事项进行咖啡萃取技能练习。本项训练要在老师当面指导下练习，没有老师允许不得擅自加热摩卡壶。注意积累"听"经验、或直接打开上盖看（不会影响咖啡的品质），能够判断萃取是否完成。避免下壶的水烧干造成危险。

（四）咖啡质量鉴定

1．检查咖啡杯、杯子底盘、咖啡勺、咖啡伴侣的搭配要美观。

2．用 200 ～ 300ml 容量的咖啡杯，杯中咖啡八分满。

3．咖啡杯、盘等清洁无咖啡液渍。

4．咖啡服务时温度不低与 75°C，以保证客人加入咖啡调配品后，咖啡入口温度不低于 60°C。

5．调制出的咖啡色泽棕褐色或棕红色，散发咖啡香气，咖啡的表面浮现一层薄薄的芳香油，咖啡液内不得有咖啡渣。

完成任务

（一）小组练习

将班上学生分成小组，各小组选一位组长带领组员，完成准备工作、咖啡研磨、摩卡壶咖啡萃取、咖啡出品、咖啡服务和咖啡鉴赏等工作。

（二）小组评价

出品客人喜欢的浓缩咖啡的关键有哪些？

（三）综合评价

综合评价包括小组之间的互评和老师对各小组工作的系统评价。主要评价项目如下：

1．品饮评价

品饮评价表

评 价 项 目	评 价 内 容	评 价 标 准	个 人 评 价	小 组 评 价	教 师 评 价
看	咖啡产品	咖啡整体形象： A 优、B 良、C 一般			
		咖啡颜色：A 浓重、B 清淡			
闻	咖啡	A 香气浓郁、B 香气清淡			
清饮	60℃咖啡 口含 0.5min	苦：A 强、B 中、C 弱			
		香：A 强、B 中、C 弱			
		酸：A 强、B 中、C 弱			
		甘：A 强、B 中、C 弱			
	20℃咖啡 口含 0.5min	苦：A 强、B 中、C 弱			
		香：A 强、B 中、C 弱			
		酸：A 强、B 中、C 弱			
		甘：A 强、B 中、C 弱			
加伴侣饮	60℃咖啡 口含 0.5min	苦：A 强、B 中、C 弱			
		香：A 强、B 中、C 弱			
		酸：A 强、B 中、C 弱			
		甘：A 强、B 中、C 弱			
	20℃咖啡 口含 0.5min	苦：A 强、B 中、C 弱			
		香：A 强、B 中、C 弱			
		酸：A 强、B 中、C 弱			
		甘：A 强、B 中、C 弱			
品饮礼仪	A 优、B 良、C 一般				
咖啡鉴赏 汇总			建议		

2．能力评价

能力评价表

内　　　　　容			评　　价	
学 习 目 标		评 价 项 目	小 组 评 价	教 师 评 价
知识	应知应会	1．出品客人喜欢的咖啡，有哪些关键	Yes / No	Yes / No
		2．咖啡服务方法，咖啡品饮礼仪	Yes / No	Yes / No
专业能力	1．用摩卡壶调制咖啡 2．做好咖啡服务 3．鉴赏咖啡	1．摩卡壶咖啡调制方法	Yes / No	Yes / No
		2．咖啡调制操作规范	Yes / No	Yes / No
		3．咖啡服务	Yes / No	Yes / No
		4．咖啡鉴赏	Yes / No	Yes / No
		5．吧台整理与器具保养	Yes / No	Yes / No
通用能力	组织能力		Yes / No	Yes / No
	沟通能力		Yes / No	Yes / No
	解决问题能力		Yes / No	Yes / No
	自我管理能力		Yes / No	Yes / No
	创新能力		Yes / No	Yes / No
态度	敬岗爱业 态度认真		Yes / No	Yes / No
个人努力方向与建议				

作 业

1．如何向客人介绍摩卡壶调制的浓缩咖啡？

2．简述综合咖啡种类及调配？

3．简述摩卡壶咖啡调制操作的方法及注意事项？

任务二 意大利咖啡机调制浓缩咖啡

20世纪30年代，一个叫格吉亚的意大利人发明了专门煮意大利浓缩咖啡的机器，同时发明了别致的煮咖啡的方法，其原理是让热水在高压下快速通过咖啡粉末，萃取出咖啡中最好的成分。咖啡师认为单一产地的咖啡口味不均衡，必须综合各大洲咖啡才能调理出风味绝佳的浓缩咖啡。

意大利咖啡机

 任务描述

坐在咖啡厅窗前的客人对服务员说："二杯浓咖啡，能快点吗？"服务员礼貌回应道："来二杯意大利浓缩咖啡，可以吗？……马上就好。"咖啡师磨豆、咖啡机在30s内萃取出浓缩咖啡。完美的浓缩咖啡表层有2～4mm厚的芳香油，呈现深棕色，芳香油在杯子中心较长时间不消褪，散发出浓烈、丰富的香气。品饮咖啡时口味醇香浓厚，口感柔和顺滑，这正是客人喜欢的浓缩咖啡，如图2-2-1所示。

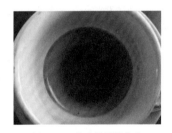

图2-2-1 芳香的浓缩咖啡

任务分析

（一）调制方法的选择

用意大利咖啡机调制客人喜欢的浓缩咖啡，30s内就可以调制一杯香浓的咖啡。专业的意大利咖啡机，有全自动和半自动调制，全自动调制浓缩咖啡质量稳定，手工调制浓缩咖啡口味变化丰富，还能迅速调制细腻奶泡，设备价格从几千元～十几万元，意大利咖啡机成为饭店和高档咖啡馆必备设备。

（二）调制过程的分析

滤杯式调制方法调制咖啡，一般需通过准备工作、咖啡研磨、咖啡萃取、咖啡出品和咖啡

服务五个步骤完成。具体操作方法与注意事项如表 2-2 所示。

表 2-2

1. 准备工作		
	操作方法	注意事项
咖啡机 → [图] 图 2-2-2	**（1）准备器具、原料** 　器具用品：意大利咖啡机、咖啡研磨机、咖啡杯、托盘。 　原料：综合咖啡豆、糖、奶品，如图 2-2-2 所示。	工作前检查器具用品是否完好，做好清洁保养。
[图] 图 2-2-3	**（2）准备综合咖啡豆** 　按照客人的喜好选择或拼配综合咖啡豆，如图 2-2-3 所示。	1. 没有拼配好咖啡豆，就得不到好的浓缩咖啡。 2. 使用焙制后 4 天之内的咖啡。综合咖啡必须新鲜。

2. 咖啡研磨		
	操作方法	注意事项
图 2-2-4	**（1）调咖啡研磨度** 　调咖啡研磨机至极细的研磨度（1～1.5），如图 2-2-4 所示。	在调制之前磨咖啡，以保持咖啡品质，防止咖啡氧化失去醇香的口味。
图 2-2-5	**（2）咖啡研磨** 　咖啡研磨机在没有装咖啡豆状态下开启。 　用勺取咖啡豆（约每杯 7g），从研磨机漏斗加进研磨，待研磨机恢复至开启的声音时，咖啡已研磨好，如图 2-2-5 所示	1. 安全操作。 2. 咖啡研磨机不要载荷启动。

3. 咖啡萃取

操作方法	注意事项

(1) 打开电源开关

　　打开电源开关让咖啡机完全热机（确定咖啡机内的水已沸腾），如图 2-2-6 所示。

工作中咖啡机保持预热，处于即时工作状态。

图 2-2-6

①

②

③

图 2-2-7

(2) 填装咖啡粉

　　依照手柄式咖啡滤压器上刻度倒进咖啡粉，并填装均匀，用压粉器将咖啡粉压平。先稍稍用力平稳地压粉一次，再用力压粉，然后稍稍减力将咖啡粉压平。同时压粉器转动两转填装咖啡粉的操作应迅速，以防止咖啡装置时间过长影响咖啡品质。操作时避免咖啡粉散落至手柄上和台面，如图 2-2-7 所示。

1. 咖啡粉浸湿后膨胀，注意控制填装咖啡粉的量。
2. 注意压平时用力均匀，咖啡粉松散或太紧密都会影响咖啡萃取效果。
3. 注意手法卫生和填装咖啡粉迅速。

①

②

图 2-2-8

(3) 咖啡萃取

　　确定咖啡机完全热机后，在咖啡机上锁紧手柄式咖啡滤压器。

　　在咖啡机的萃取口下方放置好杯子，按下萃取开关，萃取好的咖啡由萃取口缓缓流入咖啡杯。

1. 注意操作安全。操作迅速，萃取咖啡的时间不超过 30s。
2. 注意使用温热过的咖啡杯。

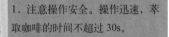
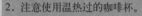

操作方法	注意事项
   图 2-2-8	萃取一杯 30ml 的浓缩咖啡的时间为 25 ～ 30s。当咖啡颜色变浅时，关掉水泵，如图 2-2-8 所示。 咖啡师及时检查出品咖啡的品质，确保咖啡出品质量。	3. 萃取咖啡颜色保持为红棕色，当咖啡颜色变浅时应关掉水泵。 4. 控制浓缩咖啡的出品容量。

4. 咖啡出品

操作方法	注意事项
 图 2-2-9	**(1) 咖啡出品准备** 　　准备好托盘、咖啡勺、咖啡伴侣，如图 2-2-9 所示。	咖啡杯和咖啡不可随意搭配，要精心设计。
 图 2-2-10	**(2) 咖啡出品** 　　萃取温度不低于 75℃ 的浓缩咖啡。连同咖啡杯垫盘置于托盘中，为客人服务咖啡，如图 2-2-10 所示。	安全操作。

5. 咖啡服务同单元一中的任务一

相关知识

（一）影响浓缩咖啡口味的几个因素

1. 综合咖啡的拼配

没有好的综合咖啡拼配，调制不出好的浓缩咖啡。拼配的咖啡豆必须新鲜。

2. 研磨

按标准研磨出的咖啡粉的粗细均匀，否则影响咖啡的萃取。必须是新鲜研磨的咖啡，放置30s以上的咖啡粉，会使浓缩咖啡的口味变差。

3. 水温

浓缩咖啡机中的水温应该稳定在 88 ～ 92℃ 之间，以保证萃取的浓缩咖啡口味一致。

4. 水压

通过浓缩咖啡的水压应该在 9 ～ 10 个大气压，咖啡的萃取完美。

5. 操作迅速

研磨、咖啡粉的填装和萃取咖啡的操作时间不超过 45s。

6. 咖啡机清理

定期清理咖啡机。如果咖啡机不定期清理，调制出的浓缩咖啡会有腐败的味道。

7. 磨粉机的保养

磨粉机要清洁干净。制作咖啡时可刷去沾在叶片与粉仓间的粉，叶片至少每年更换一次。

（二）浓缩咖啡中的咖啡因

有人认为意大利浓缩咖啡是咖啡因含量较多的咖啡，担心这种咖啡对身体有害。但事实上，由于较长的烘焙过程已经使咖啡豆失去了许多刺激性成分，并且瞬间萃取，意大利浓缩咖啡中的咖啡因含量少于其他方法萃取的咖啡，可以说比一般的咖啡更要无害。

技能训练

1. 挑选综合咖啡豆：通过看、闻、剥挑选新鲜的综合咖啡豆，熟练辨别新豆与陈豆。掌握常见综合咖啡拼配配方及各自风味特点（见相关知识），选择客人需求的综合咖啡豆。

2. 咖啡研磨：能够用勺按量准确取咖啡豆，并迅速研磨好咖啡。

3. 意大利咖啡机的使用填装咖啡粉：按照表 2-2 中 3.(2) 项的方法、注意事项进行填装咖啡粉技能练习。注意装咖啡粉量及压粉的力度，装咖啡粉量过多，没有留有咖啡粉遇水膨胀的空间；压粉的力度太大，高压的水和水蒸气难以通过过于紧密的咖啡粉；压粉的力度太小摩卡壶内不能形成理想的高压，均影响咖啡萃取。

咖啡萃取：按照表 2-2 中 3.(3) 项的方法、注意事项进行咖啡萃取技能练习。本项训练要在老师当面指导下练习，没有老师允许不得擅自操作咖啡机。咖啡萃取时间在 30s 内。

4．咖啡质量鉴定

（1）检查咖啡杯、杯子底盘、咖啡勺、咖啡伴侣的搭配要美观。

（2）用 200 ~ 300ml 容量的咖啡杯，杯中咖啡八分满。

（3）咖啡杯、盘等清洁无咖啡液渍。

（4）咖啡服务时温度不低与 80℃，以保证客人加入咖啡调配品后，咖啡入口温度不低于 60℃。

（5）调制出的咖啡色泽棕褐色或棕红色，散发咖啡香气，咖啡的表面浮现一层芳香油，咖啡液内不得有咖啡渣。

完成任务

（一）小组练习

将班上学生分成小组，各小组选一位组长带领组员，学会使用咖啡机，完成准备工作、咖啡研磨、咖啡萃取、咖啡出品、咖啡服务和咖啡品饮等工作。

（二）小组评价

咖啡机调制出品客人喜欢浓缩咖啡的关键有哪些？

（三）综合评价

综合评价包括小组之间的互评和老师对各小组工作的系统评价。主要评价项目如下：

1．品饮评价

品饮评价表

评 价 项 目	评 价 内 容	评 价 标 准	个 人 评 价	小 组 评 价	教 师 评 价
看	咖啡产品	咖啡整体形象：A 优、B 良、C 一般			
		咖啡颜色：A 浓重、B 清淡			
闻	咖啡	A 香气浓郁、B 香气清淡			
清饮	60℃咖啡 口含 0.5min	苦：A 强、B 中、C 弱			
		香：A 强、B 中、C 弱			
		酸：A 强、B 中、C 弱			
		甘：A 强、B 中、C 弱			
清饮	20℃咖啡 口含 0.5min	苦：A 强、B 中、C 弱			
		香：A 强、B 中、C 弱			
		酸：A 强、B 中、C 弱			
		甘：A 强、B 中、C 弱			

续表

评价项目	评价内容	评价标准	个人评价	小组评价	教师评价
加伴侣饮	60℃咖啡 口含 0.5min	苦：A 强、B 中、C 弱			
		香：A 强、B 中、C 弱			
		酸：A 强、B 中、C 弱			
		甘：A 强、B 中、C 弱			
	20℃咖啡 口含 0.5min	苦：A 强、B 中、C 弱			
		香：A 强、B 中、C 弱			
		酸：A 强、B 中、C 弱			
		甘：A 强、B 中、C 弱			
品饮礼仪		A 优、B 良、C 一般			
咖啡鉴赏汇总			建议		

2．能力评价

内　　　　　容			评　价	
学 习 目 标		评 价 项 目	小 组 评 价	教 师 评 价
知 识	应知应会	1．出品客人喜欢的咖啡，有哪些关键	Yes / No	Yes / No
		2．咖啡服务方法 3．咖啡品饮礼仪	Yes / No	Yes / No
专业能力	1．咖啡机调制 2．咖啡服务 3．鉴赏咖啡	1．咖啡机咖啡调制操作	Yes / No	Yes / No
		2．咖啡服务	Yes / No	Yes / No
		3．咖啡鉴赏	Yes / No	Yes / No
		4．吧台整理与器具保养	Yes / No	Yes / No
通用能力	组织能力		Yes / No	Yes / No
	沟通能力		Yes / No	Yes / No
	解决问题能力		Yes / No	Yes / No
	自我管理能力		Yes / No	Yes / No
	创新能力		Yes / No	Yes / No
态度	敬岗爱业 态度认真		Yes / No	Yes / No
个人努力方向与建议				

作　业

1．如何向客人介绍浓缩咖啡？

2．简述影响浓缩咖啡口味的几个因素？

3．简述意大利咖啡机调制咖啡方法及注意事项？

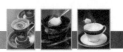

单元实训 浓缩咖啡调制

（一）完成任务

1．小组活动：用摩卡壶、意大利咖啡机调制出同种浓缩咖啡，总结出同种操作上的不同，经过品饮比对总结各自口味特点。小组交流如何依据客人需求运用摩卡壶调制咖啡、意大利咖啡机调制咖啡。

2．个人完成：独立调制浓缩咖啡并邀请同学品尝。

3．代表表演：用指定调制方法调制咖啡并邀请同学品尝。

（二）小组评价

1．用摩卡壶调制浓缩咖啡有哪些步骤？

2．用意大利咖啡机调制浓缩咖啡有哪些操作关键？

（三）综合评价

综合评价包括小组之间的互评和老师对各小组工作的系统评价。主要评价项目如下：

1．品饮评价

品饮评价表

鉴赏项目	鉴赏内容	鉴赏标准	个人评价	小组评价	教师评价
看	咖啡产品	咖啡整体形象： A优、B良、C一般			
		咖啡颜色：A浓重、B清淡			
闻	咖啡	A香气浓郁、B香气清淡			
清饮	60℃咖啡 口含0.5min	苦：A强、B中、C弱			
		香：A强、B中、C弱			
		酸：A强、B中、C弱			
		甘：A强、B中、C弱			
	20℃咖啡 口含0.5min	苦：A强、B中、C弱			
		香：A强、B中、C弱			
		酸：A强、B中、C弱			
		甘：A强、B中、C弱			
加伴侣饮	60℃咖啡 口含0.5min	苦：A强、B中、C弱			
		香：A强、B中、C弱			
		酸：A强、B中、C弱			
		甘：A强、B中、C弱			
	20℃咖啡 口含0.5min	苦：A强、B中、C弱			
		香：A强、B中、C弱			
		酸：A强、B中、C弱			
		甘：A强、B中、C弱			
品饮礼仪		A优、B良、C一般			
咖啡鉴赏 汇总			建议		

2. 能力评价

能力评价表

内 容			评 价	
学 习 目 标		评 价 项 目	小 组 评 价	教 师 评 价
知识	应知应会	1. 出品客人喜欢咖啡，有哪些关键	Yes / No	Yes / No
		2. 咖啡服务方法	Yes / No	Yes / No
		3. 咖啡品饮礼仪	Yes / No	Yes / No
专业能力	1. 咖啡机调制 2. 咖啡服务 3. 鉴赏咖啡	1. 咖啡机咖啡调制操作	Yes / No	Yes / No
		2. 咖啡服务	Yes / No	Yes / No
		3. 咖啡鉴赏	Yes / No	Yes / No
		4. 吧台整理与器具保养	Yes / No	Yes / No
通用能力	组织能力		Yes / No	Yes / No
	沟通能力		Yes / No	Yes / No
	解决问题能力		Yes / No	Yes / No
	自我管理能力		Yes / No	Yes / No
	创新能力		Yes / No	Yes / No
态度	敬岗爱业 态度认真		Yes / No	Yes / No
个人努力方向与建议				

作 业

1. 你知道一杯浓缩咖啡的成本吗？利用业余时间参观饭店、咖啡馆，谈谈参观的感想，并探讨在饭店和咖啡馆中，一杯咖啡可以卖出很高价钱的理由？（提示：用咖啡作为载体，以空间、时间、服务和交际氛围等来满足客人对咖啡、及咖啡以外的需求）

2. 如何运用摩卡壶、意大利咖啡机调制客人需求的咖啡饮品？

读书笔记

COFFEE

单元三

花式咖啡调制

　　花式咖啡是以咖啡为基底，运用多样的调制方法以及表演性的调制，融入各种调、配品，把美味与艺术完美融合的咖啡饮品。由于调、配品及调制方法的丰富，和人们对花式咖啡的痴迷，花式咖啡的呈现品种多得难以计数。由于意大利咖啡机的发明，调制出的浓缩咖啡口味香浓，出品的速度又快，浓缩咖啡成为调制花式咖啡的必备基底。利用咖啡机热牛奶、打奶泡也极为便利，更加促进了花式咖啡的发展。意大利咖啡机已经成为咖啡师调制花式咖啡的好"帮手"。

🥣 学习目标

- 能够调制皇家咖啡并提供服务。
- 能够调制爱尔兰咖啡并提供服务。
- 能够调制热跳舞的拿铁咖啡并提供服务。
- 能够调制冰跳舞的拿铁咖啡并提供服务。
- 能够调制卡布基诺咖啡调制并提供服务。

家一般的感觉

令人愉悦的空间

咖啡的情趣

任务一　皇家咖啡调制

　　据说这是法国皇帝拿破仑最喜欢的咖啡。拿破仑非常喜欢法国的骄傲——白兰地，喝咖啡也愿意加入钟情的白兰地。这款咖啡最大的特点是调制时在方糖上浇上白兰地，饮用时将方糖和白兰地点燃，当蓝色火焰舞起，白兰地的芳醇、糖的焦香、咖啡的浓香相融合，苦涩中略带着丝丝的甘醇，将法兰西的高傲、幽雅、浪漫完美地演绎，确有皇家风范，故取名"皇家咖啡"。法国代表性的咖啡首先是高贵的皇家咖啡。

任务描述

　　因为散发出咖啡和美酒的芳香，口味独特，而且还有浪漫焰火展示的缘故，客人点了一杯皇家咖啡。皇家咖啡既散发出美酒、咖啡的醇香，又让客人领略到咖啡的浪漫与情趣，留给人们美好的回忆，出品的皇家咖啡如图 3-1-1 所示。

图 3-1-1　高贵的皇家咖啡

任务分析

（一）调制方法的选择

　　咖啡师根据客人喜好调制咖啡基底，配上方糖、白兰地，皇家咖啡调制完毕。皇家咖啡调制方法简单，需要的器具较少，咖啡出品快，集美味与观赏性于一身，一直深受人们的青睐，加之许多创新的皇家咖啡都在此调制基础上演变而成，使得这种传统的调制方法被广泛使用。

（二）调制过程的分析

　　调制皇家咖啡，一般需通过准备工作、咖啡调制、咖啡出品和咖啡服务四个步骤完成。具体操作方法与注意事项如表 3-1 所示。

表 3-1

1. 准备工作		
	操 作 方 法	注 意 事 项
 白兰地酒← 皇家咖啡杯← 图 3-1-2	**(1) 准备器具、原料** 　　器具用品：单品饮咖啡调制器具、咖啡研磨机、托盘、皇家咖啡杯、杯垫、喷射式打火机。 　　原料：咖啡豆、咖啡伴侣、方糖、白兰地酒，如图 3-1-2 所示。	工作前检查器具用品是否完好，做好清洁保养。
 图 3-1-3	**(2) 准备咖啡调制器具** 　　准备单品饮咖啡调制器具、咖啡研磨机、蓝山咖啡豆，如图 3-1-3 所示。	可以根据客人的品饮喜好选择咖啡豆。
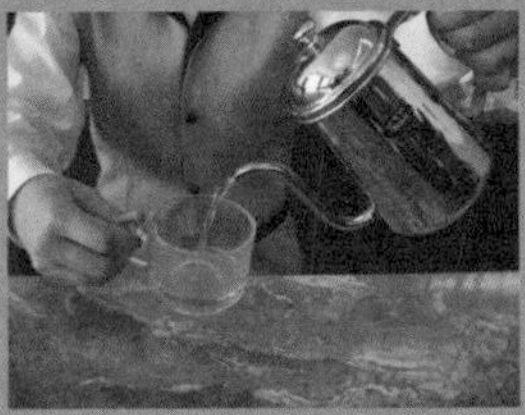 图 3-1-4	**(3) 温杯** 　　以热水温杯，如图 3-1-4 所示。	可在单品饮咖啡调制完毕前温杯。

2. 咖啡调制		
	操 作 方 法	注 意 事 项
 图 3-1-5	**(1) 研磨咖啡豆** 　　取咖啡豆 12～15g，按中等研磨度(3～4)度研磨，如图 3-1-5 所示。	按调制方法决定咖啡的研磨度。
 图 3-1-6	**(2) 调制咖啡** 　　用单品饮咖啡调制方法调制咖啡 150～200ml。	安全操作。

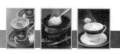

操 作 方 法	注 意 事 项
 将皇家咖啡匙架在盛有热咖啡的咖啡杯上,将方糖置于皇家咖啡匙上。	2. 倒入白兰地时,可用盎司杯量取。
 倒入半盎司(1盎司等于28.41ml)酒精度在40%以上的白兰地于方糖上,让方糖吸收。	3. 方糖上的焰火可以稍后为客人展示。
 图 3-1-6 用打火机点燃方糖上的白兰地,使其燃烧。燃烧完毕,再用皇家咖啡匙在热咖啡中搅拌即可。如图 3-1-6 所示。	

3. 咖啡出品

操 作 方 法	注 意 事 项
 图 3-1-7	
(1)咖啡出品准备 准备好托盘、杯垫,如图 3-1-7 所示。	咖啡杯和咖啡不可随意搭配,要精心设计。
图 3-1-8 **(2)咖啡出品** 咖啡出品前,服务人员应检查咖啡品质,核对所服务的客人位置,避免差错。	1. 服务人员绝不能凭模糊的记忆为客人提供咖啡服务。一旦记忆模糊应仔细核对后再进行服务。

续表

操 作 方 法	注 意 事 项
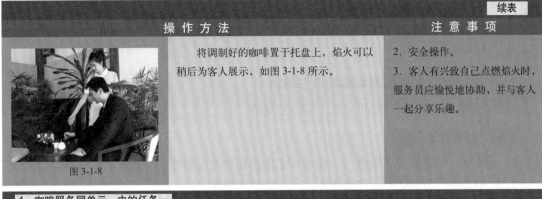图 3-1-8	将调制好的咖啡置于托盘上，焰火可以稍后为客人展示，如图 3-1-8 所示。	2. 安全操作。 3. 客人有兴致自己点燃焰火时，服务员应愉悦地协助，并与客人一起分享乐趣。

4. 咖啡服务同单元一中的任务一

相关知识

（一）调制咖啡常用的基酒

调制咖啡常用的基酒有白兰地、琴酒、伏特加酒、朗姆酒、绿薄荷酒、樱桃甜食酒、茴香酒。

（二）不同风格的皇家咖啡

1. 将咖啡煮好倒入杯中，再加入鲜奶油，将皇家咖啡匙架在咖啡杯上，放上方糖。倒入白兰地于方糖上，为客人进行焰火展示，如图 3-1-9 所示。

2. 在热咖啡上注入奶泡，将皇家咖啡匙架在咖啡杯上，放上方糖。倒入白兰地于方糖上，为客人进行焰火展示，如图 3-1-10 所示。

图 3-1-9 迷人的焰火

图 3-1-10 皇家咖啡新发现

（三）皇家咖啡的品饮

点燃方糖上的白兰地使其燃烧，可以尽情享受皇家咖啡散发出酒的醇香和糖的焦香，惬意地置身于皇家咖啡所营造的别样情调之中。燃烧完毕，把皇家咖啡匙中燃烧后的精华搅拌在热咖啡中品饮，可以根据个人喜好调配咖啡伴侣。

技能训练

（一）挑选新鲜的咖啡豆

通过看、闻、剥挑选新鲜的综合咖啡豆，熟练辨别新豆与陈豆。

（二）调制咖啡基底

能够迅速调制好所需的咖啡基底。咖啡基底指的是能够作为调制花式咖啡之用的单品或浓缩咖啡。

（三）挑选符合调制皇家咖啡的白兰地酒

学会看酒标，熟悉酒精度 40% 以上的白兰地酒。

（四）咖啡质量鉴定

1．咖啡杯、杯子底盘、咖啡勺、咖啡伴侣的搭配美观，咖啡杯、盘等清洁无咖啡液渍。

2．使用 200 ～ 300ml 容量的咖啡杯，杯中咖啡八分满。

3．调制出的咖啡色泽为棕褐色或棕红色，并散发咖啡香气。

4．咖啡服务时温度不低于 80℃，以保证客人加入咖啡调配品后，咖啡入口温度不低于 60℃。

5．能够进行焰火展示。

完成任务

（一）小组练习

将班上学生分成小组，各小组选一位组长带领组员，完成准备工作、咖啡调制、咖啡出品、咖啡服务和咖啡品饮等工作。

（二）小组评价

调制出品客人喜欢的皇家咖啡有哪些关键？

（三）综合评价

包括小组之间的互评和老师对各小组工作的系统评价。主要评价项目如下：

1．品饮评价

品饮评价表

评 价 项 目	评 价 内 容	评 价 标 准	个 人 评 价	小 组 评 价	教 师 评 价
看	咖啡产品	咖啡整体形象： A 优、B 良、C 一般			
		咖啡颜色：A 浓重、B 清淡			
闻	咖啡	A 醇香浓郁、B 醇香清淡			
清饮	60℃咖啡 口含 0.5min	苦：A 强、B 中、C 弱			
		香：A 强、B 中、C 弱			
		酸：A 强、B 中、C 弱			
		甘：A 强、B 中、C 弱			
		酒的香醇：A 强、B 弱			
	20℃咖啡 口含 0.5min	苦：A 强、B 中、C 弱			
		香：A 强、B 中、C 弱			
		酸：A 强、B 中、C 弱			
		甘：A 强、B 中、C 弱			
		酒的香醇：A 强、B 弱			
咖啡鉴赏 汇总		建议			

2．能力评价

能力评价表

内	容		评	价
知识	应知应会	1．出品客人喜欢的咖啡有哪些关键	Yes / No	Yes / No
		2．咖啡服务方法，咖啡品饮礼仪	Yes / No	Yes / No
专业能力	1．调制皇家咖啡 2．做好咖啡服务 3．鉴赏咖啡	1．皇家咖啡调制方法	Yes / No	Yes / No
		2．咖啡调制操作	Yes / No	Yes / No
		3．咖啡服务	Yes / No	Yes / No
		4．咖啡鉴赏	Yes / No	Yes / No
		5．吧台整理与器具保养	Yes / No	Yes / No
通用能力	组织能力		Yes / No	Yes / No
	沟通能力		Yes / No	Yes / No
	解决问题能力		Yes / No	Yes / No
	自我管理能力		Yes / No	Yes / No
	创新能力		Yes / No	Yes / No
态度	敬岗爱业态度认真		Yes / No	Yes / No
个人努力 方向与建议				

作 业

1．如何向客人介绍皇家咖啡？

2．简述皇家咖啡的调制方法。

任务二 爱尔兰咖啡调制

在爱尔兰都柏林机场旁酒吧的酒保，与美丽的空姐邂逅，一见钟情，他觉得她就像爱尔兰威士忌一样，浓香而醇美。擅长调鸡尾酒的酒保，很希望她能喝一杯他亲手调制的鸡尾酒，可是她每次点着不同的咖啡，从未点过鸡尾酒。他想，如果把香醇的爱尔兰威士忌与咖啡结合，取名为爱尔兰咖啡能否成为她所喜欢的。

要将爱尔兰威士忌与咖啡完全融合有很高的难度，酒保花了很多心血。他研究威士忌与咖啡的比例，研究让烈酒威士忌酒味变淡，却不降低酒香与口感的方法。无数次试验，酒保所期待的爱尔兰咖啡大功告成。

然而每隔一段时间光临的空姐一直没有点已经列到酒单上的爱尔兰咖啡。酒保也从未提醒她，酒保只想为她煮杯爱尔兰咖啡，并不在乎她是否能体会他的心血与执着，也不在乎她是否会感动。时间整整过去一年，她终于发现了爱尔兰咖啡，并且点了它。当酒保第一次为她煮爱尔兰咖啡时，激动得流下了眼泪。为了怕被她看到，他用手指将眼泪擦去，然后偷偷用眼泪在爱尔兰咖啡杯口画了一圈，所以第一口爱尔兰咖

啡的味道，是带着思念被压抑许久后所发酵的味道，而她也成了第一位喝爱尔兰咖啡的客人。

那位空姐非常喜欢爱尔兰咖啡，此后只要一停留在都柏林机场，便会点一杯爱尔兰咖啡。久而久之，他们俩人变得熟识，空姐会跟他说世界各国的趣事，酒保则教她煮爱尔兰咖啡。直到有一天，她决定不再当空姐跟他说 Farewell（不会再见的再见）。

她回到旧金山的家后，有一天突然想喝爱尔兰咖啡，找遍所有咖啡馆都没发现。后来她才知道爱尔兰咖啡是酒保专为她而创造的。没多久，她开了咖啡店，也卖起了爱尔兰咖啡，从此，爱尔兰咖啡开始在旧金山流行起来。这也是为何爱尔兰咖啡最早出现在爱尔兰的都柏林，却盛行于旧金山的原因。

空姐走后，酒保也为客人调制爱尔兰咖啡，所以在都柏林机场喝到爱尔兰咖啡的人，会认为爱尔兰咖啡是鸡尾酒，而在旧金山咖啡馆喝到它的人，当然会觉得爱尔兰咖啡是咖啡。

任务描述

咖啡与美酒的完美融合，引人入胜的故事，客人点了杯爱尔兰咖啡，服务员或咖啡师愉悦客人地说"需要加点眼泪吗？"咖啡师边娴熟地调制边与客人交谈，客人会心地听着动人的咖啡故事。出品的爱尔兰咖啡，外表看不出与众不同，品尝之后便会找到当年美丽的空姐对它不能释"杯"的原因，出品的爱尔兰咖啡如图3-2-1所示。

图 3-2-1 浪漫的爱尔兰咖啡

任务分析

（一）调制方法的选择

调制爱尔兰咖啡，客人特别喜欢咖啡师用经典的爱尔兰咖啡调制方法，演绎久远浪漫的咖啡故事。即用专业的爱尔兰咖啡杯、烤杯架，用独特的烤杯、摇杯操作来改变威士忌酒的风味，

再融入客人喜欢的咖啡完成调制。经典的爱尔兰咖啡调制方法巧妙，使用器具简单，调制极具观赏性，咖啡口味独到，自问世以来，一直成为咖啡师们的"保留项目"。

（二）调制过程的分析

调制爱尔兰咖啡，一般需通过准备工作、咖啡调制、咖啡出品、咖啡服务四个步骤完成。具体操作方法与注意事项如表 3-2 所示。

表 3-2

1. 准备工作		
	操 作 方 法	**注 意 事 项**
威士忌酒 → 爱尔兰 咖啡杯 → 图 3-2-2	**（1）准备器具、原料** 器具用品：意大利咖啡机、咖啡研磨机、爱尔兰咖啡杯、酒精灯、托盘、咖啡杯、咖啡勺、杯垫、量杯。 原料：综合咖啡豆、牛奶、威士忌酒、砂糖，如图 3-2-2 所示。	1. 酒精灯或瓦斯灯，火不用太大，用来烤杯。 2. 一般用爱尔兰威士忌，但不易取得，可用一般的威士忌代替。 3. 工作前检查器具用品是否完好，做好清洁保养。

2. 咖啡调制		
	操 作 方 法	**注 意 事 项**
图 3-2-3	**（1）基底调制** 调制客人喜欢的咖啡 150ml，倒入温过的咖啡杯中，放在一旁备用，如图 3-2-3 所示。	爱尔兰咖啡并没有规定要用哪种咖啡豆，调制客人需求的咖啡即可。
量酒器 →  图 3-2-4	**（2）烤杯** 将一匙糖、30ml 的爱尔兰威士忌酒注入爱尔兰咖啡杯中，爱尔兰咖啡杯放置杯架上，右手握住杯底座烤杯，右手慢慢转动酒杯，使杯子均匀受热，并将糖融化于威士忌中。看到杯口有雾状出现，又因为温度提升雾状消失时，慢慢地将杯口移到灯的火焰上。见到蓝色火焰燃烧时，迅速把杯子移走，熄灭酒精灯，如图 3-2-4 所示。	1. 爱尔兰咖啡杯要洗过擦干，烤杯时应均匀受热。 2. 将杯口移到灯的火焰上的操作要缓慢，挥发的酒精遇火焰点燃会发出"嘭"的声音。

续表

操 作 方 法	注 意 事 项
 图 3-2-4 烤杯操作在展示过程中应保持操作规范，调制者应保持表情愉悦。	3. 调好酒精灯灯芯，保持酒精灯火焰高度不超过三指宽，注意操作安全。
 ① ② 图 3-2-5 **(3) 摇杯** 用手在桌面上滑动杯子摇杯，让酒液均匀流动，使酒精挥发出来，直到燃烧熄灭，完成烤杯，如图 3-2-5 所示。 若杯中火焰持续时间过长，说明烤杯不充分。杯内液体酒精含量未达到要求，不容易烧坏杯子，所以注意先前的烧杯要充分。	1. 摇杯的操作要集中注意力，让酒液均匀流动。 2. 摇杯的操作要平稳流畅，让客人享受调制的操作过程。
 ①  ② 图 3-2-6 **(4) 咖啡调制** 完成烤杯，将咖啡倒入爱尔兰咖啡杯中，与上标线同高，然后在咖啡上加入奶泡，与杯上缘同高，可以用勺添加奶泡，调整奶泡造型，如图 3-2-6 所示。	1. 杯子的上缘与下缘各有一条线，下缘线标示 30ml，控制酒的用量。上缘线则为 180ml，控制咖啡用量。 2. 注意奶泡细腻结实，造型才能丰满，避免溢出杯外侧，影响咖啡品质。

3.咖啡出品   续表

操 作 方 法		注 意 事 项
	（1）咖啡出品准备 准备好托盘、杯垫，如图3-2-7所示。	咖啡杯和咖啡不可随意搭配，要精心设计。
图3-2-7		
图3-2-8	**（2）咖啡出品** 将调制好的咖啡置于托盘上，为客人服务咖啡，如图3-2-8所示。	1.安全操作。 2.注意托盘的稳定性。

4.咖啡服务同单元一中的任务一

相关知识

（一）爱尔兰咖啡调制器具

1.爱尔兰咖啡杯：特制的耐热高脚杯，杯子的上缘与下缘各有一条线，下缘标示30ml，上缘标示180ml。可按标示控制酒和咖啡的量。

2.酒精灯：用来烤杯的火力不宜太大，烤杯要温和均匀。

3.量杯：方便控制酒量。

（二）爱尔兰咖啡调制用的基酒、糖品

1.基酒：一般用爱尔兰威士忌，由于不易取得，可用一般的威士忌代替。

2.糖品：冰糖、砂糖或咖啡专用糖，不影响咖啡味道的糖（如红糖）均可。

技能训练

（一）烤杯技能

按照表3-2中2.(2)的方法、注意事项进行烤杯技能练习。熟练烤杯时转动爱尔兰咖啡杯的操作。

（二）摇杯技能

摇杯有三种方法，可以先用杯子装水练习。

1.置于桌上摇：如果桌子光滑，置于桌面上摇省力又很容易上手。

2.握住杯脚摇：运用手腕均匀摇晃，手指细长的人摇起来很优雅。

3.握住杯底摇：运用手指让杯子前后摆动，酒液在杯中均匀旋转。

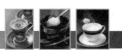

（三）咖啡质量鉴定

1．咖啡杯、盘等清洁无咖啡液渍。

2．出品咖啡为容量 180ml，咖啡液面恰好在爱尔兰咖啡杯上标线上。

3．咖啡服务时温度不低于 80℃，以保证客人加入咖啡调配品后，咖啡入口温度不低于 60℃。

4．调制出的咖啡色泽为棕褐色，散发出咖啡香气和酒的醇香。

完成任务

（一）小组练习

将班上学生分成小组，各小组选一位组长带领组员，完成准备工作、咖啡调制、咖啡出品、咖啡服务和咖啡品饮等工作。小组代表表演：调制爱尔兰咖啡并邀请同学品尝。

（二）小组评价

出品客人喜欢的爱尔兰咖啡有哪些关键？

（三）综合评价

包括小组之间的互评和老师对各小组工作的系统评价。主要评价项目如下：

1．品饮评价

品饮评价表

评价项目	评价内容	评价标准	个人评价	小组评价	教师评价
看	咖啡产品	咖啡整体形象：A优、B良、C一般			
		咖啡颜色：A浓重、B清淡			
闻	咖啡	A香醇浓郁、B香醇清淡			
清饮	60℃咖啡 口含0.5min	苦：A强、B中、C弱			
		香：A强、B中、C弱			
		酸：A强、B中、C弱			
		醇：A强、B中、C弱			
	20℃咖啡 口含0.5min	苦：A强、B中、C弱			
		香：A强、B中、C弱			
		酸：A强、B中、C弱			
		醇：A强、B中、C弱			
加伴 侣饮	60℃咖啡 口含0.5min	苦：A强、B中、C弱			
		香：A强、B中、C弱			
		酸：A强、B中、C弱			
		醇：A强、B中、C弱			
	20℃咖啡 口含0.5min	苦：A强、B中、C弱			
		香：A强、B中、C弱			
		酸：A强、B中、C弱			
		醇：A强、B中、C弱			
品饮礼仪		A优、B良、C一般			
咖啡鉴赏 汇总			建议		

2. 能力评价

能力评价表

内	容		评	价
学 习 目 标		评 价 项 目	小 组 评 价	教 师 评 价
知识	应知应会	1. 出品客人喜欢的咖啡有哪些关键	Yes / No	Yes / No
		2. 咖啡服务方法，咖啡品饮礼仪	Yes / No	Yes / No
专业能力	1. 爱尔兰咖啡调制 2. 做好咖啡服务 3. 鉴赏咖啡	1. 爱尔兰咖啡调制操作	Yes / No	Yes / No
		2. 咖啡服务	Yes / No	Yes / No
		3. 咖啡鉴赏	Yes / No	Yes / No
		4. 吧台整理与器具保养	Yes / No	Yes / No
通用能力	组织能力		Yes / No	Yes / No
	沟通能力		Yes / No	Yes / No
	解决问题能力		Yes / No	Yes / No
	自我管理能力		Yes / No	Yes / No
	创新能力		Yes / No	Yes / No
态度	敬岗爱业 态度认真		Yes / No	Yes / No
个人努力 方向与议建				

作 业

1. 给大家讲有趣的爱尔兰咖啡故事，模拟介绍爱尔兰咖啡的服务。
2. 简述烤杯、摇杯的技巧。
3. 简述爱尔兰咖啡的调制操作方法。

任务三 热跳舞的拿铁咖啡调制

拿铁（latte）在意大利语意思是鲜奶。拿铁咖啡是人们最为熟悉的意式咖啡，它是在沉厚浓郁的 ESPRESSO（意大利浓缩咖啡）中，加进等比例甚至更多牛奶的花式咖啡。有了牛奶的温润调味，让原本甘苦的咖啡变得柔滑香甜、甘美浓郁，就连不习惯喝咖啡的人，也难敌拿铁芳香的美味。意大利人也喜欢拿它来暖胃，搭配早餐饮用。冰拿铁咖啡和热拿铁咖啡一样都是以 ESPRESSO 作基底，再加入牛奶，让原本醇厚甘苦的浓缩咖啡，产生滑润柔美的风味。人们联想这样的思维方式，给生活这杯"苦咖啡"注入一缕温暖的奶香，让原本不易的、枯燥的生活不经意间焕发出"香甜芬芳"，平添了对生活的热爱，难道这不是一种生活的艺术？就做杯"拿铁"吧，陶冶自己，芳香他人。

美若画境

![任务描述]

听过"拿铁思维"的一位客人和他的朋友，正在饶有兴趣地感悟咖啡与人生。客人交谈稍停，服侍一旁的服务员上前微笑道："三位早晨好，喝茶还是咖啡……"客人回应道："热跳舞的拿铁咖啡。"服务员送咖啡或客人端起咖啡时，分成三层的奶泡、咖啡、牛奶在杯中摇动像跳舞一般，不仅美味还很有情趣，如图 3-3-1 所示。

图 3-3-1 热跳舞的拿铁咖啡

![任务分析]

（一）调制方法的选择

调制热跳舞的拿铁咖啡，注重奶泡、咖啡、牛奶的分层调制，以此满足客人品饮拿铁咖啡的口感层次变化之需。分层调制靠的是牛奶加果糖增加比重，打出细腻的奶泡降低比重，加之调制时的分层操作。其调制方法实用，使用器具简单，调制效率和成功率高，所以出品的咖啡口味十分完美。调制中所使用的分层调制和打出细致的奶泡技术应用广泛。

（二）调制过程的分析

热跳舞的拿铁咖啡调制，一般需通过准备工作、奶泡调制、咖啡调制、咖啡出品和咖啡服务五个步骤完成。具体操作方法与注意事项如表 3-3 所示。

表 3-3

1. 准备工作		
	操 作 方 法	注 意 事 项
奶泡拉花杯 ← 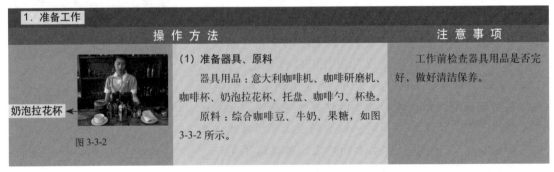 图 3-3-2	（1）准备器具、原料 　　器具用品：意大利咖啡机、咖啡研磨机、咖啡杯、奶泡拉花杯、托盘、咖啡勺、杯垫。 　　原料：综合咖啡豆、牛奶、果糖，如图3-3-2 所示。	工作前检查器具用品是否完好，做好清洁保养。

单元三｜花式咖啡调制

续表

操 作 方 法	注 意 事 项
图 3-3-3	**（2）温杯** 以热水浸泡杯子（温杯），如图 3-3-3 所示。	检查咖啡杯是否完好清洁。
图 3-3-4	**（3）咖啡机预热** 打开意大利咖啡机开关，如图 3-3-4 所示。	1. 注意不要用矿泉水。 2. 水壶加水时，留出暖咖啡壶的水量。

2．奶泡调制

操 作 方 法	注 意 事 项
图 3-3-5	**（1）热牛奶** 用奶泡拉花杯取 200ml 牛奶，将其置于咖啡机的蒸汽喷嘴下，使其加热成 75～80℃，将 100ml 热牛奶注入咖啡杯中，余下牛奶降温至 50℃，可把盛有热奶的拉花杯放入水中，隔水加速牛奶降温，如图 3-3-5 所示。	1. 安全操作，注意蒸汽高温，避免灼伤。 2. 蒸汽控制阀要控制好，初次操作要在老师指导下进行。
图 3-3-6	将蒸汽喷嘴置于拉花杯内牛奶 2～3cm 深度，然后开始奶泡调制。	1. 蒸汽阀要逐渐由低量开大，边调整蒸汽阀，边观察奶泡生成，直至奶泡生成达到要求。

蒸汽控制阀◄

COFFEE **67**

操 作 方 法	注 意 事 项
 图 3-3-6 **（2）打奶泡** 　　用咖啡机的蒸汽将降温至 50℃的牛奶打出细密的奶泡 50ml，如图 3-3-6 所示。	2．安全操作。 3．打出的奶泡要细密足量。

3. 咖啡调制

操 作 方 法	注 意 事 项
 图 3-3-7 **（1）调制浓缩咖啡** 　　选择客人需求的综合咖啡豆 7g，按研磨度（1～1.5）研磨。用意大利咖啡机调制浓缩咖啡 50ml 作基底，如图 3-3-7 所示。	迅速调制浓缩咖啡，保持口味和热度。
 图 3-3-8 **（2）咖啡调制** 　　用长勺辅助将浓缩咖啡 50ml 注入热的牛奶中，咖啡、牛奶分成二层，用长勺在咖啡上加入 50ml 奶泡。咖啡在中间层（咖啡：牛奶：奶泡 =1:2:1），保持好咖啡、牛奶和奶泡调制比例，做好分层调制，是完美调制的关键，如图 3-3-8 所示。	1．注意浓缩咖啡操作时要注意手法，咖啡、牛奶分层效果才好。 2．在牛奶中加少量的果糖，增加牛奶比重，取得较好分层效果。 3．注意手法卫生避免液体溢出，影响咖啡品质。

4. 咖啡出品		续表
	操 作 方 法	注 意 事 项

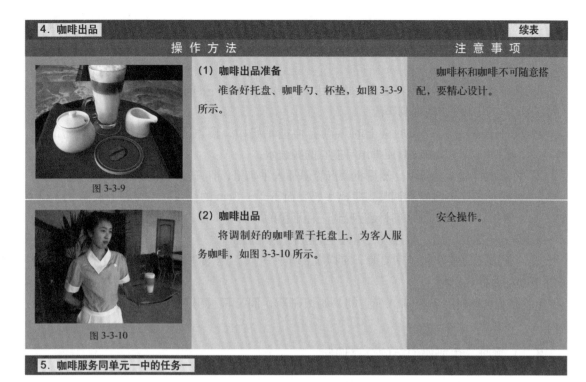

图 3-3-9	(1) 咖啡出品准备 准备好托盘、咖啡勺、杯垫，如图 3-3-9 所示。	咖啡杯和咖啡不可随意搭配，要精心设计。
图 3-3-10	(2) 咖啡出品 将调制好的咖啡置于托盘上，为客人服务咖啡，如图 3-3-10 所示。	安全操作。

5. 咖啡服务同单元一中的任务一

相关知识

(一) 热跳舞的拿铁咖啡的品饮

品饮热跳舞的拿铁咖啡时，可以从最上层的奶泡品起，有层次的品饮咖啡和牛奶，享受咖啡口感、口味的变化。也可用咖啡勺搅拌均匀品饮，依个人口味随时调配咖啡伴侣。

(二) 异国的咖啡风情

"我不在家，就在咖啡馆，不在咖啡馆，就在去咖啡馆的路上。"这句咖啡经典说的是法国人，喝咖啡讲究环境和情调，慢慢地品、细细地尝，读书看报，高谈阔论。没有人会认为"泡"在咖啡厅里是在挥霍时间，他们更愿意相信，那些深邃的哲思、智能的火光，就是在这种环境中诞生的。而 1971 年诞生在西雅图的星巴克制作的是意大利咖啡，特色就是一个"快"字：做得快，喝得也快。星巴克经营理念所体现的咖啡文化是家和咖啡馆之外的"第三个好去处"。

技能训练

(一) 调制细致的奶泡

方法一：以奶泡壶制作手工奶泡

1. 将牛奶倒入奶泡壶中，份量不要超过奶泡壶的 1/2，防止奶泡溢出。

2. 将牛奶加热到 50℃ 左右，超过 70℃，牛奶中的蛋白质结构会被破坏。

3. 将盖子与滤网盖上，快速抽动滤网将空气压入牛奶中，抽动的时候不需要压到底，因为是要将空气打入牛奶中，所以只要在牛奶表面动作即可；次数也不需太多，轻轻地抽动30下左右即可。

4. 移开盖子与滤网，用汤匙将表面粗大的奶泡刮掉，留下的就是绵密的热奶泡。

方法二：用蒸汽奶泡机制奶泡

1. 先不要将意大利咖啡机上的蒸汽管伸进牛奶中，蒸汽管中可能有一些凝结的水，所以先把陈旧的蒸汽放掉，顺便排出可能有的凝结水。

2. 将温度计插入容器中，然后将蒸汽管斜插入牛奶里，打开蒸汽开关。

3. 慢慢的将把蒸汽喷嘴调整到距离牛奶表面下2～3cm的位置，不要高于液面，否则牛奶会四处喷溅。当位置正确的时候会听到一种平稳的"嘶嘶"声。

4. 当奶泡充足之后，将蒸汽管深入牛奶进行蒸汽加温。

5. 牛奶温度达到60～70℃时，可以关掉蒸汽开关。用汤匙将表面粗大的奶泡刮掉，留下的就是绵密的热奶泡。

6. 用湿抹布将附着在蒸汽管上的牛奶擦干净，同时再放出一些蒸汽，清洁难以清理的奶渍。

（二）咖啡、牛奶奶泡等的分层调制

按照表3-3中3.(2)的方法和注意事项进行分层调制技能练习，做到熟练操作。

（三）服务咖啡前的质量检查

1. 咖啡杯、咖啡勺、咖啡伴侣的搭配要美观，清洁无咖啡液渍。

2. 用200～300ml容量的耐热玻璃咖啡杯，杯中咖啡八分满。

3. 咖啡服务时温度不低于80℃，以保证客人加入咖啡调配品后，咖啡入口温度不低于60℃。

4. 杯内咖啡：牛奶：奶泡 =1:2:1，层次分明，端起咖啡时，咖啡在杯中摇动像跳舞一般。

完成任务

（一）小组练习

将班上学生分成小组，各小组选一位组长带领组员，完成准备工作、奶泡调制、咖啡调制、咖啡出品、咖啡服务和咖啡鉴赏等工作。

（二）小组评价

1. 服务一杯好咖啡应知应会的知识有哪些？

2. 出品客人喜欢的热跳舞拿铁咖啡有哪些关键？

（三）综合评价

综合评价包括小组之间的互评和老师对各小组工作的系统评价。主要评价项目如下：

1. 品饮评价

品饮评价表

评 价 项 目	评 价 内 容	评 价 标 准	个 人 评 价	小 组 评 价	教 师 评 价
看	咖啡产品	咖啡整体形象：A 优、B 良、C 一般			
		咖啡层次：A 分明、B 模糊			
闻	咖啡	A 香气浓郁、B 香气清淡			
品饮	奶泡	顺滑度：A 强、C 弱			
		香：A 强、C 弱			
	咖啡	苦：A 强、B 中、C 弱			
		香：A 强、B 中、C 弱			
		酸：A 强、B 中、C 弱			
		甘：A 强、B 中、C 弱			
	牛奶	顺滑度：A 强、B 中、C 弱			
		香：A 强、B 中、C 弱			
		甘：A 强、B 中、C 弱			
品饮礼仪		A 优、B 良、C 一般			
咖啡鉴赏汇总			建议		

2. 能力评价

能力评价表

内 容			评 价	
学 习 目 标		评 价 项 目	小 组 评 价	教 师 评 价
知识	应知应会	1. 出品客人喜欢的咖啡有哪些关键	Yes / No	Yes / No
		2. 咖啡服务方法，咖啡品饮礼仪	Yes / No	Yes / No
专业能力	1. 热跳舞的拿铁咖啡调制 2. 做好咖啡服务 3. 鉴赏咖啡	1. 热跳舞的拿铁咖啡调制操作	Yes / No	Yes / No
		2. 咖啡服务	Yes / No	Yes / No
		3. 咖啡鉴赏	Yes / No	Yes / No
		4. 吧台整理与器具保养	Yes / No	Yes / No
通用能力	组织能力		Yes / No	Yes / No
	沟通能力		Yes / No	Yes / No
	解决问题能力		Yes / No	Yes / No
	自我管理能力		Yes / No	Yes / No
	创新能力		Yes / No	Yes / No
态度	敬岗爱业 态度认真		Yes / No	Yes / No
个人努力方向与建议				

作 业

1. 如何向客人介绍拿铁咖啡？

2. 如何打好奶泡？

3. 简述拿铁咖啡调制操作方法。

任务四　冰跳舞的拿铁咖啡调制

　　60℃是喝咖啡的最佳温度，温度降低，品质容易变差，而冰咖啡却非要将咖啡要热饮的概念颠倒过来。冰咖啡虽然很难把咖啡的味道充分带出，但可以通过冰咖啡的调制技术使其苦、酸、甘、甜、醇隐约分辨。品尝一杯冰咖啡，感受怡神别样的香醇和爽口，同样会使人们获取"一杯咖啡，等于一天的好心情"的期待。

　　最著名而又盛行的意大利冰咖啡，用意大利咖啡机，在最短的时间内(30s)煮出香浓的浓缩咖啡。有了这杯咖啡作铺垫，再加进一定比例的香草粉、可可粉和冰沙，以及果汁等不同的调、配料，调制出一杯杯人们喜爱的、爽口味美的冰咖啡，冰跳舞的拿铁咖啡便是其中的佼佼者。

精致的冰咖啡

任务描述

　　冰跳舞的拿铁咖啡与热跳舞的拿铁咖啡外表相似，只不过分成三层的是冷奶泡、冷咖啡、冷牛奶。与热跳舞的拿铁咖啡相比，呈现出独特的冰咖啡风味。透明玻璃咖啡杯中，咖啡与牛奶逐渐交融界面呈现跳跃画面，正是客人期待的"跳舞的拿铁"，出品的冰跳舞的拿铁咖啡如图 3-4-1 所示。

图 3-4-1　冰跳舞的拿铁咖啡

任务分析

（一）调制方法的选择

　　调制冰跳舞拿铁咖啡，用冷的牛奶，打出冷奶泡，用咖啡冷缩技术调制冰咖啡。运用热跳

舞的拿铁咖啡调制方法进行余下的冰跳舞拿铁咖啡调制，其调制方法实用，使用器具简单，调制效率高、成功率高，出品咖啡口味完美。其调制方法所使用的分层调制、打出细腻的奶泡和咖啡冷缩技术应用广泛。

（二）调制过程的分析

冰跳舞的拿铁咖啡调制，一般需通过准备工作、浓缩咖啡冷缩、咖啡调制、咖啡出品和咖啡服务五个步骤完成。具体操作方法与注意事项如表 3-4 所示。

表 3-4

1. 准备工作		
	操 作 方 法	注 意 事 项
摇酒壶 冰夹 蛋清蛋黄 分离器 图 3-4-2	**（1）准备器具、原料** 　　器具用品：意大利咖啡机、咖啡研磨机、咖啡杯、拉花杯、摇酒壶、冰夹、蛋清蛋黄分离器、分托盘、咖啡勺、杯垫。 　　原料：综合咖啡豆、牛奶，如图 3-4-2 所示。	工作前检查器具用品是否完好，做好清洁保养。
图 3-4-3	**（2）咖啡机预热** 　　打开意大利咖啡机开关，如图 3-4-3 所示。	1. 注意不要用矿泉水。 2. 水壶加水时，留出暖咖啡壶的水量。

2. 浓缩咖啡冷缩		
	操 作 方 法	注 意 事 项
图 3-4-4	**（1）研磨综合咖啡豆** 　　选择客人需求的综合咖啡豆 7g，按研磨度（1～1.5）研磨，如图 3-4-4 所示。	选择客人需求的综合咖啡豆，可依据饮品单点。
图 3-4-5	**（2）调制浓缩咖啡** 　　用意大利咖啡机调制浓缩咖啡 30ml，如图 3-4-5 所示。	1. 安全操作。 2. 确保调制出高品质的咖啡基底。

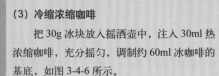

操 作 方 法	注 意 事 项
 图 3-4-6	**（3）冷缩浓缩咖啡** 　　把 30g 冰块放入摇酒壶中，注入 30ml 热浓缩咖啡，充分摇匀，调制约 60ml 冰咖啡的基底，如图 3-4-6 所示。 　　摇动时，应仔细检查摇酒壶各结合部是否密封，防止咖啡液外溢。	1．摇酒壶振摇 10 次左右即可。 2．注意摇酒壶振、摇手法规范，表情愉悦。

3．咖啡调制

操 作 方 法	注 意 事 项
 图 3-4-7	**（1）打奶泡** 　　取 120ml 冷藏（5℃以下）的牛奶，用奶泡器抽打 30 次，将其打出冷奶泡，本项操作看似简单，若操作不精心，便难以打出符合标准的奶泡，如图 3-4-7 所示。	1．打出细致的奶泡。 2．注意抽打奶泡时的力度控制，避免奶泡外溢。 3．注意操作规范看似简单的工作其实也有较高的技术含量。
 图 3-4-8	**（2）咖啡调制** 　　将牛奶倒进杯中，将杯子上下摇晃，使奶泡上升。	咖啡、牛奶、奶泡之间的比例要保持在 1:2:1。

续表

操 作 方 法	注 意 事 项
   图 3-4-8 在牛奶中加入两勺果糖搅匀以调配口味并增加比重，用铁匙作为辅助将浓缩咖啡缓缓地倒进杯中，咖啡上形成 30ml 容量的奶泡即可。（咖啡：牛奶：奶泡 =1:2:1），如图 3-4-8 所示。	2. 出品的"拿铁"牛奶、咖啡、奶泡由下而上分三层。 3. 注意手法卫生，操作迅速。避免奶泡溢出，影响咖啡品质。

4. 咖啡出品

操 作 方 法	注 意 事 项
 图 3-4-9 **(1) 咖啡出品准备** 　　准备好托盘、牛奶、糖、杯垫，如图 3-4-9 所示。	注意用具清洁。
 图 3-4-10 **(2) 咖啡出品** 　　将调制好的咖啡置于托盘上，可以为客人服务咖啡了，如图 3-4-10 所示。	托盘时托平走稳。

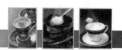

5. 咖啡服务同单元一中的任务一

相关知识

（一）冰跳舞的拿铁咖啡的品饮

品饮冷跳舞的拿铁咖啡时，可以从最上层有层次的品饮奶泡、咖啡和牛奶，享受咖啡口感、口味的变化。也可用咖啡勺搅拌均匀品饮，依个人口味随时调配咖啡伴侣。品饮时间不能过长，否则冷跳舞的拿铁咖啡温度上升，会失去冰爽口感。

（二）调制客人喜欢的冰咖啡

1. 动作要快，否则冰块融化，咖啡会稀释变淡。
2. 调制前准备所有器具、材料，便于迅速操作。
3. 应事先准备好碎冰，尽量用"外缩法"将咖啡隔水冷却。

技能训练

（一）冷缩咖啡

刚调制完的咖啡基底立刻冷却，使香味迅速锁在冰咖啡中称之为「冷缩」。常用的冷缩方式有二种：

1. 内缩：直接将冰块加入热基底中达到快速冷却的效果，称之为「内缩」。冰块的融化会使咖啡淡一些，所以冷却操作迅速，咖啡不会变得太淡。

方法1：
（1）先做好浓香型基底。
（2）将冰块放入有盖的容器中，迅速倒入浓香型基底。
（3）快速搅拌使咖啡冷却，咖啡冷却后，利用容器的盖子挡住冰块倒出咖啡。

方法2：
（1）先做好浓香型基底。
（2）将冰快放入雪克杯中，迅速倒入浓香型基底。
（3）以右手拇指顶住雪克杯盖，左手四指托住雪克杯底摇动，使咖啡快速冷却。
（4）在倒出咖啡之前，雪克杯中撇去咖啡泡沫去掉涩味。

2. 外缩：金属杯器盛装刚调制的热咖啡，用冰水隔杯降温，称之为「外缩」。
方法：将热咖啡装入导热性好的容器中，置于冰水冷却咖啡。
（1）先做好浓香型基底。
（2）用金属杯器（雪克杯）盛装刚调制的热咖啡。
（3）将金属杯器置于冰水中，利用勺搅拌咖啡基底，使咖啡迅速均匀冷却。
（4）撇去表面的咖啡泡沫减少涩味。

（二）调制冷奶泡

要用5℃以下的牛奶，不要让牛奶结冰，调制出的奶泡称冷奶泡。用奶泡器抽打30次，将

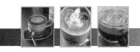

其打出奶泡。若用意大利咖啡机调制奶泡，将牛奶冷却至5℃以下，按照咖啡机调制奶泡的方法迅速调制，只是不让蒸汽继续加热牛奶。

（三）分层调制

按照表3-4中3.(2)项的方法、注意事项进行分层调制技能练习，做到熟练操作。

（四）服务咖啡前的质量检查

1. 检查咖啡杯、咖啡勺、咖啡伴侣的搭配要美观，清洁无咖啡液渍。

2. 用200～300ml容量的耐热玻璃咖啡杯，杯中咖啡八分满。

3. 服务时咖啡温度不高于5℃，以保证咖啡冰爽适口。

4. 杯内咖啡：牛奶：奶泡=1:2:1，层次分明，端起时，咖啡在杯中摇动像跳舞一般。

完成任务

（一）小组练习

将班上学生分成小组，各小组选一位组长带领组员，完成选准备工作、浓缩咖啡冷缩、咖啡调制、咖啡出品、咖啡服务和咖啡鉴赏等工作。

（二）小组评价

出品客人喜欢的冰跳舞拿铁咖啡有哪些关键？

（三）综合评价

综合评价包括小组之间的互评和老师对各小组工作的系统评价。主要评价项目如下：

1. 品饮评价

品饮评价表

评价项目	评价内容	评价标准	个人评价	小组评价	教师评价
看	咖啡产品	咖啡整体形象：A优、B良、C一般			
		咖啡层次：A分明、B模糊			
闻	咖啡	A香气浓郁、B香气清淡			
品饮	奶泡	顺滑度：A强、C弱			
		香：A强、C弱			
	咖啡	苦：A强、B中、C弱			
		香：A强、B中、C弱			
		酸：A强、B中、C弱			
		甘：A强、B中、C弱			
		冰爽口感：A强、C弱			
	牛奶	顺滑度：A强、B中、C弱			
		香：A强、B中、C弱			
		甘：A强、B中、C弱			
品饮礼仪		A优、B良、C一般			
咖啡鉴赏汇总			建议		

2．能力评价

能力评价表

内		容	评	价
学 习 目 标		评 价 项 目	小组评价	教师评价
知识	应知应会	1．出品客人喜欢的咖啡，有哪些关键	Yes / No	Yes / No
		2．咖啡服务方法，咖啡品饮礼仪	Yes / No	Yes / No
专业能力	1．冰跳舞的拿铁咖啡调制 2．做好咖啡服务 3．鉴赏咖啡	1．冰跳舞的拿铁咖啡调制操作	Yes / No	Yes / No
		2．咖啡服务	Yes / No	Yes / No
		3．咖啡鉴赏	Yes / No	Yes / No
		4．吧台整理与器具保养	Yes / No	Yes / No
通用能力	组织能力		Yes / No	Yes / No
	沟通能力		Yes / No	Yes / No
	解决问题能力		Yes / No	Yes / No
	自我管理能力		Yes / No	Yes / No
	创新能力		Yes / No	Yes / No
态度	敬岗爱业 态度认真		Yes / No	Yes / No
个人能力 方向与建议				

作 业

1．如何向客人介绍冰拿铁咖啡？
2．简述冷缩咖啡的方法？
3．简述冰拿铁咖啡的调制方法？

任务五 卡布奇诺咖啡调制

早期意大利教会的修士们都穿着褐色道袍，头戴一顶尖尖的帽子，当地人觉得修士们的服饰很特别，就给他们取个卡布奇诺的名字，意大利文是"头巾"的意思。意大利人爱喝咖啡，发现浓缩咖啡、牛奶和奶泡混合后，颜色就像是修士们所穿的深褐色道袍，灵机一动，再挤上冒尖的鲜奶泡，取名为卡布奇诺。僧侣的头巾"卡布奇诺"就这样变成了咖啡的名称。卡布奇诺咖啡，香、甜、浓、苦的滋味充分表现了人们的热情与浪漫，值得一提的是，卡布奇诺口味的层次感就像人生一样。第一口总让人觉得苦涩中带着酸味，大量的泡沫就像年轻时浮躁轻狂的生活，而泡沫的破灭和咀嚼的苦涩又像是人生历练。品尝过生活的悲喜后，最后的回味是令人陶醉生命的香醇……一种咖啡可以喝出不同的风情，觉得很神奇吧。卡布奇诺是意大利最富盛名的花式咖啡，如今不同风格的卡布奇诺也已风靡全世界。

任务描述

不知是因为卡布奇诺咖啡的经典，还是因为卡布奇诺的时尚，客人非常愿意品饮一杯。卡布奇诺咖啡的魅力让人们不只是品饮咖啡，而是变成一种习惯，甚至是一种生活，出品的卡布奇诺咖啡如图 3-5-1 所示。

图 3-5-1 美味的卡布奇诺咖啡

任务分析

（一）调制方法的选择

调制卡布奇诺，用意大利浓缩咖啡，加入等量的牛奶和厚厚的奶泡，即浓缩咖啡、热牛奶和奶泡的容量各占 1/3 融合完成。用这种经典的调制方法，出品的卡布奇诺风靡至今，是因为咖啡师用最简单的操作、最简单的器具，调制出色、香、味、型融合完美的咖啡饮品，充分地满足了人们的品饮热情。在此基础上，经常用奶泡拉花、鲜奶油造型等技术，或洒上少许的肉桂粉或巧克力粉等调配品，创新调制出令人心动的卡布奇诺咖啡。

（二）调制过程的分析

卡布奇诺咖啡调制，一般需通过准备工作、浓缩咖啡基底调制、咖啡调制、咖啡出品和咖啡服务五个步骤完成。具体操作方法与注意事项如表 3-5 所示。

表 3-5

1. 准备工作	
操 作 方 法	注 意 事 项
（1）准备器具、原料 　　器具用品：意大利咖啡机、咖啡研磨机、咖啡杯、托盘、咖啡勺、杯垫。 　　原料：综合咖啡豆、牛奶，如图 3-5-2 所示。 图 3-5-2	工作前检查器具用品是否完好，做好清洁保养。

操 作 方 法	注 意 事 项
 图 3-5-3 **(2) 咖啡机预热** 打开开关预热咖啡机，如图 3-5-3 所示。	1. 注意不要用矿泉水。 2. 水壶加水时，留出暖咖啡壶的水量。
 图 3-5-4 **(3) 温杯** 以热水温热杯子，如图 3-5-4 所示。	温杯同时检查咖啡杯是否清洁、破损。

2. 基底调制

操 作 方 法	注 意 事 项
 图 3-5-5 **(1) 研磨综合咖啡豆** 选择客人需求的综合咖啡豆 7g，按研磨度（1～1.5）研磨，如图 3-5-5 所示。	注意研磨时保证咖啡粉新鲜。
图 3-5-6 **(2) 调制浓缩咖啡** 用意大利咖啡机调制浓缩咖啡 30ml，做调制咖啡用的基底，如图 3-5-6 所示。	1. 安全操作。 2. 控制咖啡品质与 30ml 的容量。

3. 咖啡调制

操 作 方 法	注 意 事 项
图 3-5-7 **(1) 热牛奶、打奶泡** 取 60ml 牛奶，将其置于咖啡机的蒸汽喷嘴下，使其加热成 50℃热牛奶并打出 30ml 容量的奶泡，如图 3-5-7 所示。	要打细密的奶泡。

续表

操 作 方 法	注 意 事 项
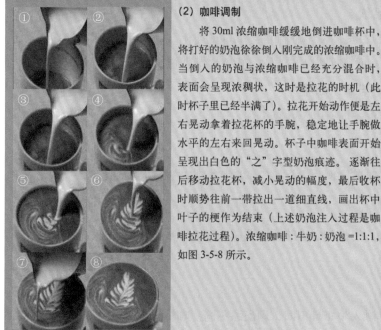 图 3-5-8	**（2）咖啡调制** 　　将 30ml 浓缩咖啡缓缓地倒进咖啡杯中，将打好的奶泡徐徐倒入刚完成的浓缩咖啡中。当倒入的奶泡与浓缩咖啡已经充分混合时，表面会呈现浓稠状，这时是拉花的时机（此时杯子里已经半满了）。拉花开始动作便是左右晃动拿着拉花杯的手腕，稳定地让手腕做水平的左右来回晃动。杯子中咖啡表面开始呈现出白色的"之"字型奶泡痕迹。逐渐往后移动拉花杯，减小晃动的幅度，最后收杯时顺势往前一带拉出一道细直线，画出杯中叶子的梗作为结束（上述奶泡注入过程是咖啡拉花过程）。浓缩咖啡：牛奶：奶泡 =1:1:1，如图 3-5-8 所示。	1. 请注意，拉花开始左右晃动动作只需要手腕的力量，不要整只手臂都跟着一起动。 2. 咖啡拉花用时 5 ～ 6s。 3. 浓缩咖啡、牛奶、奶泡比例可根据客人的喜欢调配。

4. 咖啡出品

操 作 方 法	注 意 事 项
 图 3-5-9	**（1）咖啡出品准备** 　　准备好托盘、咖啡勺、杯垫，如图 3-5-9 所示。	咖啡杯和咖啡不可随意搭配，要精心设计。
 图 3-5-10	**（2）咖啡出品** 　　将调制好的咖啡置于托盘上，为客人服务咖啡，如图 3-5-10 所示。	安全操作。

5. 咖啡服务同单元一中的任务一

相关知识

（一）卡布奇诺咖啡的品饮

品饮卡布奇诺咖啡时，可以分层，享受咖啡口感、口味的变化。也可用咖啡勺搅拌均匀品饮，依个人口味随时调配咖啡伴侣。品饮时间不能过长，无论冷热咖啡，温度变化会影响口感。

（二）区分卡布奇诺咖啡与拿铁咖啡

卡布奇诺咖啡与拿铁咖啡的不同有以下几点：

1. 牛奶、咖啡比例不同

卡布奇诺咖啡中牛奶和咖啡的比例为 1:1 左右，拿铁咖啡中牛奶和咖啡比例为 2:1 左右。

2. 融入方式不同

卡布奇诺咖啡多采用牛奶、奶泡与咖啡的融合调制；拿铁咖啡多采用牛奶、奶泡与咖啡的分层调制。

3. 风味的不同

卡布奇诺咖啡与拿铁咖啡融入牛奶量不同、调配品不同、咖啡与牛奶融入方式不同，两种饮品呈现出不同的风味。比较而言，拿铁咖啡偏重奶香，口感富有层次变化，而卡布奇诺咖啡的咖啡风味与奶香融合完美。难怪二者备受人们的追捧。

技能训练

（一）咖啡拉花训练：小组合作，看图练手。

咖啡拉花就是在咖啡与牛奶完美结合的过程中，通过咖啡与牛奶比重的差异、结合熟悉冲倒牛奶的技术和手法，在瞬间完成的具有漂亮图案的一杯牛奶咖啡。

在欧美国家，咖啡拉花都是在咖啡表演时所展现的高难度专业技巧，咖啡拉花创新技巧震撼了当时的咖啡业界，人们也都被咖啡拉花神奇而绚丽的技巧所吸引。开始的咖啡拉花，注重的是图案的呈现，但经过优化、创新，咖啡拉花不只讲究视觉美感，也一直不断的改进牛奶的绵密口感、融合的方式及操作技巧，从而达到咖啡色、香、味完美融合的境界。咖啡拉花图例如图 3-5-11 和图 3-5-12 所示。

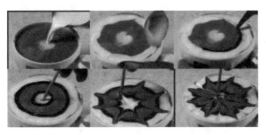

图 3-5-11　咖啡拉花图例

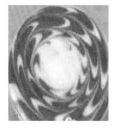

图 3-5-12 咖啡拉花图例

（二）鲜奶油造型训练：小组合作，看图练手。

如图 3-5-13 至图 3-5-23 所示。

图 3-5-13 手动或电动发泡奶油

图 3-5-14 奶油发泡细腻洁白

图 3-5-15 奶油挤花袋剪口

图 3-5-16 精心安装花嘴

图 3-5-17 适量注入发泡奶

图 3-5-18 收好袋口

图 3-5-19 充实袋中发泡奶油

图 3-5-20 咖啡液面精心造型

图 3-5-21 奶泡表面精心造型

图 3-5-22 奶油造型甜点应用

图 3-5-23 咖啡上奶油造型效果

（三）服务咖啡前的质量检查

1. 检查咖啡杯、咖啡勺、咖啡伴侣的搭配要美观，清洁无咖啡液渍。
2. 用 200 ～ 300ml 容量咖啡杯，杯中咖啡八分满。
3. 咖啡服务时温度不高于 5℃，以保证咖啡冰爽适口。
4. 咖啡∶牛奶∶奶泡 =1∶2∶1，层次分明，端起咖啡时，咖啡在杯中摇动像跳舞一般。

完成任务

（一）小组练习

将班上学生分成小组，各小组选一位组长带领组员，完成准备工作、浓缩咖啡基底调制、咖啡调制、咖啡出品、咖啡服务和咖啡鉴赏等工作。

（二）小组评价

出品客人喜欢的卡布奇诺咖啡有哪些关键？

（三）综合评价

综合评价包括小组之间的互评和老师对各小组工作的系统评价。主要评价项目如下：

1. 品饮评价

品饮评价表

评 价 项 目	评 价 内 容	评 价 标 准	个 人 评 价	小 组 评 价	教 师 评 价
看	咖啡产品	咖啡整体形象： A 优、B 良、C 一般			
		表层图案或造型： A 优、B 良、C 一般			
闻	咖啡	A 香气浓郁、B 香气清淡			
品饮	咖啡	顺滑度：A 强、B 弱			
		苦：A 强、B 中、C 弱			
		香：A 强、B 中、C 弱			
		酸：A 强、B 中、C 弱			
		甘：A 强、B 中、C 弱			
品饮礼仪		A 优、B 良、C 一般			
咖啡鉴赏汇总			建议		

2. 能力评价

能力评价表

内	容		评	价
学 习 目 标		评 价 项 目	小 组 评 价	教 师 评 价
知识	应知应会	1. 出品客人喜欢的咖啡，有哪些关键	Yes / No	Yes / No
		2. 咖啡服务方法，咖啡品饮礼仪	Yes / No	Yes / No

续表

内	容		评	价
学 习 目 标		评 价 项 目	小 组 评 价	教 师 评 价
专业能力	1. 卡布奇诺咖啡调制 2. 奶泡拉花技术 3. 鉴赏咖啡	1. 卡布奇诺咖啡调制操作	Yes / No	Yes / No
		2. 咖啡服务	Yes / No	Yes / No
		3. 咖啡鉴赏	Yes / No	Yes / No
		4. 吧台整理与器具保养	Yes / No	Yes / No
通用能力	组织能力		Yes / No	Yes / No
	沟通能力		Yes / No	Yes / No
	解决问题能力		Yes / No	Yes / No
	自我管理能力		Yes / No	Yes / No
	创新能力		Yes / No	Yes / No
态度	敬岗爱业 态度认真		Yes / No	Yes / No
个人努力 方向与建议				

作 业

1. 如何向客人介绍卡布奇诺咖啡？

2. 课后练习拉花技术，熟练掌握拉花操作技巧。

3. 简述卡布奇诺咖啡的调制方法？

单元实训 花式咖啡调制

（一）完成任务

1. 小组活动：将班上学生分成小组，各小组选一位组长带领组员，依据客人需求合作完成花式咖啡调制的任务。

2. 个人完成：独立完成调制随机指定的花式咖啡并邀请同学品尝。

3. 代表表演：调制随机指定花式咖啡并邀请同学品尝。

（二）小组评价

1. 交流打好奶泡、奶泡拉花的经验？

2. 花式咖啡调制有哪些关键？

（三）综合评价

综合评价包括小组之间的互评和老师对各小组工作的系统评价。主要评价项目如下：

1．皇家咖啡品饮评价

皇家咖啡品饮评价表

评 价 项 目	评 价 内 容	评 价 标 准	个 人 评 价	小 组 评 价	教 师 评 价
看	咖啡产品	咖啡整体形象： A 优、B 良、C 一般			
		表层图案或造型： A 优、B 良、C 一般			
闻	咖啡	A 香气浓郁、B 香气清淡			
清饮	60℃咖啡 口含 0.5min	苦：A 强、B 中、C 弱			
		香：A 强、B 中、C 弱			
		酸：A 强、B 中、C 弱			
		甘：A 强、B 中、C 弱			
		酒的香醇：A 强、C 弱			
	20℃咖啡口 含 0.5min	苦：A 强、B 中、C 弱			
		香：A 强、B 中、C 弱			
		酸：A 强、B 中、C 弱			
		甘：A 强、B 中、C 弱			
		酒的香醇：A 强、C 弱			
品饮礼仪		A 优、B 良、C 一般			
咖啡鉴赏 汇总			建议		

2．爱尔兰咖啡品饮评价

爱尔兰咖啡品饮评价表

评 价 项 目	评 价 内 容	评 价 标 准	个 人 评 价	小 组 评 价	教 师 评 价
看	咖啡产品	咖啡整体形象： A 优、B 良、C 一般			
		咖啡颜色：A 浓重、B 清淡			
闻	咖啡	A 香醇浓郁、B 香醇清淡			
清饮	60℃咖啡 口含 0.5min	苦：A 强、B 中、C 弱			
		香：A 强、B 中、C 弱			
		酸：A 强、B 中、C 弱			
		醇：A 强、B 中、C 弱			
	20℃咖啡 口含 0.5min	苦：A 强、B 中、C 弱			
		香：A 强、B 中、C 弱			
		酸：A 强、B 中、C 弱			
		醇：A 强、B 中、C 弱			
加伴侣饮	60℃咖啡 口含 0.5min	苦：A 强、B 中、C 弱			
		香：A 强、B 中、C 弱			
		酸：A 强、B 中、C 弱			
		醇：A 强、B 中、C 弱			
	20℃咖啡 口含 0.5min	苦：A 强、B 中、C 弱			
		香：A 强、B 中、C 弱			
		酸：A 强、B 中、C 弱			
		醇：A 强、B 中、C 弱			
品饮礼仪		A 优、B 良、C 一般			
咖啡鉴赏 汇总			建议		

3．热跳舞的拿铁咖啡品饮评价

热跳舞的拿铁咖啡品饮评价表

评 价 项 目	评 价 内 容	评 价 标 准	个 人 评 价	小 组 评 价	教 师 评 价
看	咖啡产品	咖啡整体形象： A 优、B 良、C 一般			
		咖啡层次：A 分明、B 模糊			
闻	咖啡	A 香气浓郁、B 香气清淡			
品饮	奶泡	顺滑度：A 强、B 弱			
		香：A 强、B 弱			
	咖啡	苦：A 强、B 中、C 弱			
		香：A 强、B 中、C 弱			
		酸：A 强、B 中、C 弱			
		甘：A 强、B 中、C 弱			
	牛奶	顺滑度：A 强、B 中、C 弱			
		香：A 强、B 中、C 弱			
		甘：A 强、B 中、C 弱			
品饮礼仪		A 优、B 良、C 一般			
咖啡鉴赏 汇总			建议		

4．冰跳舞的拿铁咖啡品饮评价

冰跳舞的拿铁咖啡品饮评价表

评 价 项 目	评 价 内 容	评 价 标 准	个 人 评 价	小 组 评 价	教 师 评 价
看	咖啡产品	咖啡整体形象： A 优、B 良、C 一般			
		咖啡层次：A 分明、B 模糊			
闻	咖啡	A 香气浓郁、B 香气清淡			
品饮	奶泡	顺滑度：A 强、B 弱			
		香：A 强、B 弱			
	咖啡	苦：A 强、B 中、C 弱			
		香：A 强、B 中、C 弱			
		酸：A 强、B 中、C 弱			
		甘：A 强、B 中、C 弱			
		冰爽口感：A 强、C 弱			
	牛奶	顺滑度：A 强、B 中、C 弱			
		香：A 强、B 中、C 弱			
		甘：A 强、B 中、C 弱			
品饮礼仪		A 优、B 良、C 一般			
咖啡鉴赏 汇总			建议		

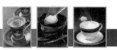

5．卡布奇诺咖啡品饮评价

卡布奇诺咖啡品饮评价表

评 价 项 目	评价内容	评 价 标 准	个 人 评 价	小 组 评 价	教 师 评 价
看	咖啡产品	咖啡整体形象： A 优、B 良、C 一般			
		表层图案或造型： A 优、B 良、C 一般			
闻	咖啡	A 香气浓郁、B 香气清淡			
品饮	咖啡	顺滑度：A 强、B 弱			
		苦：A 强、B 中、C 弱			
		香：A 强、B 中、C 弱			
		酸：A 强、B 中、C 弱			
		甘：A 强、B 中、C 弱			
品饮礼仪		A 优、B 良、C 一般			
咖啡鉴赏 汇总			建议		

6．能力评价

能力评价表

内	容		评	价	
学 习 目 标		评 价 项 目	小 组 评 价	教 师 评 价	
知识		1．出品客人喜欢花式咖啡的关键	Yes / No	Yes / No	
		2．咖啡服务方法？咖啡品饮礼仪	Yes / No	Yes / No	
专业能力	1．调制花式咖啡 2．灵活运用各种调制技术 3．鉴赏咖啡	1．花式咖啡调制操作	Yes / No	Yes / No	
		2．咖啡服务	Yes / No	Yes / No	
		3．咖啡鉴赏	Yes / No	Yes / No	
		4．吧台整理与器具保养	Yes / No	Yes / No	
通用能力	组织能力		Yes / No	Yes / No	
	沟通能力		Yes / No	Yes / No	
	解决问题能力		Yes / No	Yes / No	
	自我管理能力		Yes / No	Yes / No	
	创新能力		Yes / No	Yes / No	
态度	敬岗爱业 态度认真		Yes / No	Yes / No	
个人努力 方向与建议					

作　业

1．如何向客人介绍各种花式咖啡？

2．交流各种花式咖啡调制经验？

单元四

时尚花式咖啡调制

　　时尚可以表达人们所崇尚的新生活，它涉及生活的各个方面，如衣着打扮、饮食、行为、居住，甚至情感表达与思考方式等，时尚带给人们的是一种愉悦的心情和优雅、纯粹与不凡的感受，赋予人们不同的气质与神韵，能体现与众不同的生活品味。对时尚的追求，促进了人们对精神生活、物质生活的美好向往。

　　以创新的调制方法，巧妙运用各种调配品，不断地满足人们个性的、愉悦的、优雅的需求，并能引领咖啡品饮潮流的新品称之为时尚花式咖啡。时尚花式咖啡把美味与艺术完美融合，让原本非常熟悉咖啡品饮的行家，为之新奇和惊喜；咖啡师的奇思妙想，让喜爱它的人们对咖啡更加充满了美好的期待。

　　在本单元中，将学会几种咖啡新品的调制，感受时尚咖啡的新奇魅力，激发咖啡创新的灵感，提升咖啡创新的情趣，调制出令客人惊喜的时尚花式咖啡。

学习目标

- 调制"月色"咖啡并提供服务。
- 调制"午后巧克力"咖啡并提供服务。
- 调制"香蕉"咖啡并提供服务。

时尚、优雅的完美融合

时尚的咖啡风情

任务一　时尚花式咖啡之"月色"调制

生活是创新的源泉，"月色"咖啡的创新调制，看似突发奇想，其实蕴含着咖啡师对生活日积月累的观察和感悟，又是咖啡师用真诚、智慧和勤奋超越客人期望的最好诠释。

任务描述

生活中的月色俨然是梦境般的美，客人看到饮品单上的"月色"咖啡，或听过服务员的介绍，就会心动。"月色"咖啡服务上桌，咖啡师特别期待客人品饮后的愉悦和赞许，出品的"月色"咖啡如图 4-1-1 所示。

图 4-1-1　梦幻的"月色"咖啡

任务分析

（一）新品创新分析与调制方法的选择

咖啡师巧妙地进行创新，将牛奶、糖浆、鲜奶油、蛋黄充分摇匀成"月色"的颜色，是一种不错的选择。奶泡成为云层，浓缩咖啡基底悬浮于"云层""月色"之间，期待出品的咖啡香甜滑润。新品"月色"创新源自于咖啡师对生活和咖啡事业的热爱，采用简便实用调制方法，使用简单的器具，便把新品创新变成集美味、营养、情趣于一身的产品，令客人惊喜。

（二）调制过程的分析

调制咖啡新品"月色"，一般需通过准备工作、咖啡调制、咖啡出品和咖啡服务四个步骤完成。具体操作方法与注意事项如表 4-1 所示。

表 4-1

1. 准备工作		
操 作 方 法		**注 意 事 项**
 冰桶 图 4-1-2	**（1）准备器具、原料** **器具用品**：意大利咖啡机、咖啡研磨机、咖啡杯、托盘、摇酒壶。 **原料**：综合咖啡豆、糖浆、牛奶、鲜奶油、蛋黄，如图 4-1-2 所示。	工作前检查器具用品是否完好，做好清洁保养。

2. 咖啡调制		
操 作 方 法		**注 意 事 项**
  ① ② ③ 图 4-1-3	**（1）奶泡调制** 　　用摇酒壶将 30ml 牛奶、2 勺糖浆、30ml 鲜奶油、1 只蛋黄加入适量冰块充分摇匀（10s），并以振摇打出奶泡。注入高脚杯中，如图 4-1-3 所示。 　　因为加入蛋黄，摇酒壶振摇要充分，以保证振摇后的液体混合充分，生成的"月色"观赏性好。	1．可以用长勺在摇酒壶内将牛奶、糖浆、鲜奶油、蛋黄混合后，再加入冰块充分摇匀。 2．注意剧烈振摇摇酒壶前，应仔细检查摇酒壶的密封性，避免液体外溢。
 ① ② 图 4-1-4	**（2）咖啡调配** 　　调制冰浓缩咖啡 30ml。顺着勺轻轻倒入高脚杯，使冰咖啡悬浮于"奶泡"、"奶液"之间，如图 4-1-4 所示。 　　做到分层操作规范，提高"月色"咖啡的完美度。	1．用摇酒壶加入冰块、浓缩咖啡摇和冷缩（10s）。 2．注意奶泡：咖啡：牛奶混和液调配比例为 1:2:1，分层操作完美。

续表

操 作 方 法		注 意 事 项
 图 4-1-4	若摇酒壶振摇打出奶泡不够用,可以单独调制奶泡补充。	注意奶泡不外溢。

3. 咖啡出品

操 作 方 法		注 意 事 项
  图 4-1-5	(1)咖啡出品准备 　准备好托盘、杯垫,如图 4-1-5 所示。	咖啡杯和咖啡不可随意搭配,要精心设计。
 图 4-1-6	(2)咖啡出品 　将调制好的咖啡置于托盘上,服务客人即可,如图 4-1-6 所示。	安全操作。

4. 咖啡服务同单元一中的任务一。

相关知识

(一)花式咖啡创新理念

1. 满足人们的休闲时尚需求。

2. 满足人们的交际时尚需求。

3. 满足人们的品饮时尚需求。

4. 满足人们的个性时尚需求,如图 4-1-7 所示。

图 4-1-7　多姿多彩的休闲生活

(二)花式咖啡创新方向

1. 咖啡调制方法的创新。

2．咖啡调制器具的创新。

3．咖啡调制原、配料的创新。

4．咖啡杯的创新。

5．咖啡服务的创新。

6．咖啡厅环境装饰布置的创新。

7．背景音乐、表演性调制综合创新，如图 4-1-8 所示。

图 4-1-8 时尚咖啡的奇思妙想

技能训练

（一）摇酒壶的摇和操作

摇酒壶又称雪克壶。使用摇荡法需准备的基本器材有：摇酒壶、夹冰器、冰块。小组组长带领组员熟练掌握摇酒壶的摇荡操作，操作要点如下：

1．以夹冰器夹取冰块，放入摇酒壶中。

2．将调配品以量杯量出倒入摇酒壶中，盖好摇酒壶后，以右手大拇指抵住上盖，食指及小指夹住摇酒壶，中指及无名指支撑雪克壶，左手无名指及中指托住雪克壶底部，食指及小指夹住摇酒壶，大拇指夹住过滤盖，双手握紧摇酒壶，手背抬高至肩膀，再用手腕来回甩动，摇晃时速度要快，来回甩动约 10 次，再以水平方式前后来回摇动约 10 次即可。如图 4-1-9 所示。

图 4-1-9 摇酒壶摇荡手法图示

（二）蛋清蛋黄分离操作

小组组长带领组员熟练掌握蛋清蛋黄分离操作，采用蛋壳分离法和滤蛋器分离法操作。

（三）卡布奇诺咖啡服务前质量检查

1．检查咖啡杯、咖啡勺、咖啡伴侣的搭配要美观，清洁无咖啡液渍。

2．用 200～300ml 容量咖啡坏，杯中咖啡牛奶等液体饮品应八分满，既方便客人品饮，又方便咖啡服务，添加的奶泡或鲜奶油可以稍稍超出满杯的量。

3．咖啡服务时温度不低于 60℃，以保证咖啡香浓顺口。

4．出品的咖啡，无论是采用牛奶拉花，还是鲜奶油挤花造型，均应精美典雅。

完成任务

（一）小组练习

1．将班上学生分成小组，各小组选一位组长带领组员，完成准备工作、咖啡调制、咖啡出品、咖啡服务和咖啡鉴赏等工作。

2．组员个人完成：独立调制一杯"月色"咖啡并邀请同学品尝。

3．小组代表表演：调制"月色"咖啡并邀请同学品尝。

（二）小组评价

出品客人喜欢的"月色"咖啡有哪些关键？

（三）综合评价

综合评价包括小组之间的互评和老师对各小组工作的系统评价。主要评价项目如下：

1．品饮评价

品饮评价表

评 价 项 目	评 价 内 容	评 价 标 准	个 人 评 价	小 组 评 价	教 师 评 价
看	咖啡产品	咖啡整体形象： A 优、B 良、C 一般			
		咖啡层次：A 分明、B 模糊			
闻	咖啡	A 香气浓郁、B 香气清淡			
品饮	奶泡	顺滑度：A 强、C 弱			
		香：A 强、C 弱			
	咖啡	苦：A 强、B 中、C 弱			
		香：A 强、B 中、C 弱			
		酸：A 强、B 中、C 弱			
		甘：A 强、B 中、C 弱			
		冰爽口感：A 强、C 弱			
	牛奶	顺滑度：A 强、C 弱			
		香：A 强、B 中、C 弱			
		甘：A 强、B 中、C 弱			
品饮礼仪		A 优、B 良、C 一般			
咖啡鉴赏 汇总			建议		

2．能力评价

能力评价表

内　　　容			评　　价	
学 习 目 标		评 价 项 目	小 组 评 价	教 师 评 价
知识	应知应会	1．出品客人喜欢的咖啡，有哪些关键	Yes / No	Yes / No
		2．咖啡服务方法，咖啡品饮礼仪	Yes / No	Yes / No
专业能力	1．"月色"咖啡调制 2．做好咖啡服务 3．鉴赏咖啡	1．"月色"咖啡调制操作	Yes / No	Yes / No
		2．咖啡服务	Yes / No	Yes / No
		3．咖啡鉴赏	Yes / No	Yes / No
		4．吧台整理与器具保养	Yes / No	Yes / No
通用能力	组织能力		Yes / No	Yes / No
	沟通能力		Yes / No	Yes / No
	解决问题能力		Yes / No	Yes / No
	自我管理能力		Yes / No	Yes / No
	创新能力		Yes / No	Yes / No
态度	敬岗爱业 态度认真		Yes / No	Yes / No

作　业

1．如何向客人介绍"月色"咖啡？

2．简述"月色"咖啡的调制方法？

3．探讨"月色"给咖啡创新带来的启示。如何创新"主题"型花式咖啡，提出调制方案？

任务二　时尚花式咖啡之"午后巧克力"调制

巧克力一直是欧洲人尤其是瑞士人的最爱。天冷的时候，欧美人士都习惯在皮包里放些巧克力糖，以备充饥耐寒之需。将巧克力加在咖啡里可以调和苦味，补充热量，巧克力咖啡现在已经成为欧洲人在山上滑雪时最爱的热饮了。

品味咖啡的快乐时光

任务描述

咖啡、牛奶、巧克力的组合一直是客人喜爱品饮的传统佳品。在香浓中散透出薄荷清爽的口味。出品的咖啡分成三层，人们很愿意在休闲时轻松享用别致的"午后巧克力"提提精神，出品的"午后巧克力"如图 4-2-1 所示。

本节要依据客人需求完成浓缩咖啡基底调制、奶泡调制、咖啡调制的任务。

图 4-2-1 "午后巧克力"咖啡

任务分析

（一）新品创新分析与调制方法的选择

耐热玻璃咖啡杯中依次注入巧克力浆，注入打好奶泡的牛奶，注入调制好的浓缩咖啡，在上述组合中添加薄荷糖浆，最后在奶泡上描绘图案调成"午后巧克力"。调制方法简便实用，使用器具简单，巧克力、牛奶、咖啡始终是客人满意的搭配，再加上薄荷糖浆透出的别样风味，令客人称赞。

（二）调制过程的分析

调制咖啡新品"午后巧克力"，一般需通过准备工作、咖啡调制、咖啡出品和咖啡服务四个步骤完成。具体操作方法与注意事项如表 4-2 所示。

表 4-2

1. 准备工作		
操 作 方 法		注 意 事 项
薄荷酒 巧克力浆 图 4-2-2	（1）准备器具、原料 器具用品：意大利咖啡机、咖啡研磨机、耐热玻璃咖啡杯、咖啡勺、杯垫、量杯。 原料：综合咖啡豆、牛奶、巧克力浆、薄荷酒，如图 4-2-2 所示。	1. 用的是耐热玻璃咖啡杯。 2. 工作前检查器具用品是否完好，做好清洁保养。

2. 咖啡调制		
操 作 方 法		注 意 事 项
图 4-2-3	（1）基底调制 用 7g 咖啡豆调制客人喜欢的浓缩咖啡 30ml，倒入温过的咖啡杯中，放在一旁备用，如图 4-2-3 所示。	1. 调制客人需求的浓缩咖啡即可。

续表

操 作 方 法	注 意 事 项
 图 4-2-3	基底浓缩咖啡调制好后，注意检查其品质，以确保出品一杯客人满意的咖啡。	2．基底调制要迅速、30s 内完成。
   图 4-2-4	**（2）奶泡调制** 　　5ml 的薄荷酒倒入 60ml 的牛奶中，用咖啡机或奶泡器打出奶泡至 140～150ml，取出奶泡器的滤网时，要将其倾斜一定角度，以便附着在其上面的奶液、奶泡快速流入奶泡器的容器中，如图 4-2-4 所示。	1．加薄荷糖浆的牛奶不宜打起细致奶泡，奶泡调制时注意调节好，调制出细致的奶泡。 2．拿开奶泡器时，其滤网不可随意丢放，应放入瓷盘上，养成文明操作的好习惯。
  图 4-2-5	**（3）咖啡调配** 　　在耐热玻璃咖啡杯中加入 20ml 的巧克力浆。注入打好奶泡的牛奶、注意留出加入浓缩咖啡的量（30ml），并留出少量奶泡，以备造型欠缺修补之用。	1．注入打好奶泡的牛奶、30ml 浓缩咖啡时，注意用吧勺辅助操作，以使巧克力和牛奶咖啡、奶泡分层。

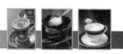

续表

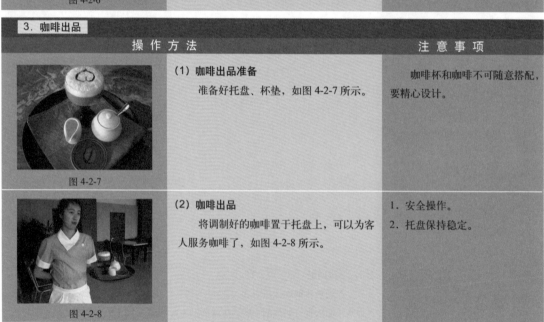

操 作 方 法	注 意 事 项
30ml 浓缩咖啡,出品的奶泡、牛奶咖啡和巧克力分成两层,如图 4-2-5 所示。 图 4-2-5	2. 注入咖啡时,注意在奶泡一处找准注入点,避免咖啡破坏奶泡的造型和颜色。加咖啡后可用剩余的奶泡修补。
(4) 奶泡上的图案设计 用牙签沾巧克力浆或咖啡液在奶泡上描绘图案即可,如图 4-2-6 所示。 图 4-2-6	迅速完成图案描绘,否则影响咖啡口味。

3. 咖啡出品

操 作 方 法	注 意 事 项
(1) 咖啡出品准备 准备好托盘、杯垫,如图 4-2-7 所示。 图 4-2-7	咖啡杯和咖啡不可随意搭配,要精心设计。
(2) 咖啡出品 将调制好的咖啡置于托盘上,可以为客人服务咖啡了,如图 4-2-8 所示。 图 4-2-8	1. 安全操作。 2. 托盘保持稳定。

4. 咖啡服务同单元一中的任务一

相关知识

(一)浓缩咖啡做基底的基本知识

1. 咖啡口味的浓淡调整,要通过增减萃取浓缩咖啡的份量来调整,而不是通过萃取浓缩咖啡的浓淡来调整。因为通过萃取浓缩咖啡的浓淡调整咖啡口味,很可能要改变咖啡豆的用量或改变浓缩咖啡萃取量,这样会影响浓缩咖啡口味。

2. 浓缩咖啡需要内缩(冷缩)时,操作要迅速,快速锁住咖啡醇香。

3．做基底的浓缩咖啡，也要使用上好的咖啡豆，萃取出独特风味的浓缩咖啡。这是调制客人喜欢咖啡的关键。

（二）调制花式咖啡的技巧

1．有层次的花式咖啡特别注意调制步骤应安排好，计划好奶泡调制的时机。

2．搭配牛奶的花式咖啡，会使更广泛的调配品与咖啡完美融合，因为调配品极易与牛奶调配呈现出美丽的色彩和丰富口味。

3．可以用增减改变糖浆比重调制出有层次的花式咖啡。

4．用冷牛奶能够调制出细致、坚实的奶泡，并能保持牛奶的风味。

（三）绿茶咖啡简介

绿茶咖啡是一道纯日本风味的咖啡。给冲泡好的咖啡注上鲜奶油，再撒上一些绿茶粉。绿茶所特有的优雅清香及略带苦涩的口感，与咖啡浓郁厚重的香味及略带圆柔酸味及甜香的口感，在口中交流激荡，如同东西方不同文化的交流。

技能训练

（一）奶泡上的图案设计与操作

用牙签沾巧克力浆或咖啡液在奶泡上描绘图案即可。熟练掌握在奶泡上设计图案与描绘的操作技巧。如图 4-2-9 所示。

图 4-2-9　时尚花式咖啡欣赏

（二）服务咖啡前的质量检查

1．用 200～300ml 容量耐热玻璃咖啡杯，检查咖啡杯、咖啡勺清洁无咖啡液渍。

2．咖啡服务时温度不低于 80℃，以保证客人品饮到 60℃左右的咖啡。

3．杯内奶泡、牛奶咖啡巧克力分成两层，层次分明，奶泡上的图案应设计精巧，描绘精美。

完成任务

（一）小组练习

1．将班上学生分成小组，各小组选一位组长带领组员，完成准备工作、浓缩咖啡基底调制、咖啡调制、咖啡出品、咖啡服务和咖啡鉴赏等工作。

2．小组活动：依据客人需求合作完成浓缩咖啡基底调制、奶泡调制、咖啡调制的任务。

3．个人完成：独立调制一杯"午后巧克力"并邀请同学品尝。

（二）小组评价

1．咖啡分成两层的操作关键有哪些？

2．调制一杯"午后巧克力"的操作关键有哪些？

（三）综合评价

综合评价包括小组之间的互评和老师对各小组工作的系统评价。主要评价项目如下：

1．品饮评价

品饮评价表

评 价 项 目	评 价 内 容	评 价 标 准	个 人 评 价	小 组 评 价	教 师 评 价
看	咖啡产品	咖啡整体形象： A 优、B 良、C 一般			
		表层图案或造型： A 优、B 良、C 一般			
闻	咖啡	A 香气浓郁、B 香气清淡			
品饮	奶泡	顺滑度：A 强、B 弱			
		薄荷风味：A 强、B 中、C 弱			
	咖啡	苦：A 强、B 中、C 弱			
		香：A 强、B 中、C 弱			
		酸：A 强、B 中、C 弱		.	
		甘：A 强、B 中、C 弱			
	奶、巧克力	奶香：A 强、B 中、C 弱			
		巧克力风味： A 强、B 中、C 弱			
		薄荷风味：A 强、B 中、C 弱			
品饮礼仪		A 优、B 良、C 一般			
咖啡鉴赏 汇总			建议		

2．能力评价

能力评价表

内　　　容			评　　　价	
学 习 目 标		评 价 项 目	小 组 评 价	教 师 评 价
知识	应知应会	1．出品客人喜欢的咖啡，有哪些关键	Yes / No	Yes / No
		2．咖啡服务方法，咖啡品饮礼仪	Yes / No	Yes / No

续表

内　　容		评　　价	
学 习 目 标	评 价 项 目	小 组 评 价	个 人 评 价
专业能力　1．午后巧克力咖啡调制　2．奶泡拉花技术　3．鉴赏咖啡	1．午后巧克力调制操作	Yes / No	Yes / No
	2．咖啡服务	Yes / No	Yes / No
	3．咖啡鉴赏	Yes / No	Yes / No
	4．吧台整理与器具保养	Yes / No	Yes / No
通用能力	组织能力	Yes / No	Yes / No
	沟通能力	Yes / No	Yes / No
	解决问题能力	Yes / No	Yes / No
	自我管理能力	Yes / No	Yes / No
	创新能力	Yes / No	Yes / No
态度	敬岗爱业 态度认真	Yes / No	Yes / No
个人努力方向与建议			

作　业

1．如何向客人介绍"午后巧克力"？

2．如何迅速完成奶泡上的图案描绘？

3．简述"午后巧克力"调制方法。

4．探讨"午后巧克力"带来的咖啡创新的启示。如何创新巧克力型花式咖啡，提出调制方案？

任务三　时尚花式咖啡之"香蕉"调制

人们认为咖啡与坚果能够很好搭配，而与新鲜的水果是不能搭配的。咖啡师偏偏要打破常规，尝试咖啡与新鲜水果搭配，调配出美味咖啡。事实证明，咖啡可以与甜橙、草莓、香蕉等许多种新鲜的水果搭配，调配出的咖啡不但具有强烈的鲜果个性，而且还能映衬出咖啡与其他配料的独特风味，给人们留下深刻印象。

精彩"拍档"

任务描述

"香蕉咖啡，香蕉与咖啡的搭配！"客人听到服务员介绍的咖啡新品感到非常好奇，愿意品尝一杯是因为相信从没让他失望过的咖啡师。香蕉的甜美、奶油与咖啡独特的醇香，会使客人愿意一次又一次地回到这儿，品味他所期待的新品咖啡，出品的香蕉咖啡，如图4-3-1所示。

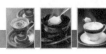

图 4-3-1　好喝的香蕉咖啡

 任务分析

（一）新品创新分析与调制方法的选择

咖啡、牛奶、酸奶和香蕉调配出的"香蕉咖啡"能否赢得客人喜爱？在耐热玻璃咖啡杯中依次放入稠状酸奶，用刀切碎的香蕉泥，然后再注入牛奶、鲜奶油和白砂糖打出的奶泡，再注入新调制的浓缩咖啡，最后挤上发泡鲜奶油并以香蕉片装饰即可。调制方法简便，使用器具简单，虽然调配品成本低，但"香蕉咖啡"的口味独特，值得期待。

（二）调制过程的分析

调制咖啡新品"香蕉咖啡"，一般须通过准备工作、咖啡调制、咖啡出品、咖啡服务和咖啡鉴赏五个步骤完成。具体操作方法与注意事项如表 4-3 所示。

表 4-3

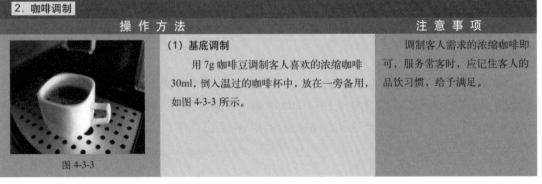

1. 准备工作		
操 作 方 法		**注 意 事 项**
图 4-3-2	（1）准备器具、原料 器具用品：意大利咖啡机、咖啡研磨机、耐热玻璃咖啡杯、咖啡勺、杯垫、量杯。 原料：综合咖啡豆、牛奶、酸奶、切碎的香蕉、果糖、鲜奶油，如图 4-3-2 所示。	1. 切碎的香蕉成黏稠状。 2. 工作前检查器具用品是否完好，做好清洁保养。
2. 咖啡调制		
操 作 方 法		**注 意 事 项**
图 4-3-3	（1）基底调制 　用 7g 咖啡豆调制客人喜欢的浓缩咖啡30ml，倒入温过的咖啡杯中，放在一旁备用，如图 4-3-3 所示。	调制客人需求的浓缩咖啡即可，服务常客时，应记住客人的品饮习惯，给予满足。

续表

操 作 方 法	注 意 事 项
（2）奶泡调制 将牛奶60ml、鲜奶油30ml、适量的果糖混匀打出奶泡，用咖啡机或奶泡器打奶泡至140～150ml，如图4-3-4所示。  图 4-3-4	加糖的牛奶不宜打起细致奶泡，奶泡调制时注意调节好，调制出细致的奶泡。
（3）咖啡调配 在耐热玻璃咖啡杯中依次放入稠状酸奶15ml。 ① 加入充实切碎香蕉40g。 ② 注入新调制的浓缩咖啡30ml。 ③ 保证咖啡不渗入香蕉泥中。 ④ 仔细添加奶泡，保持奶泡与咖啡层次分明。 ⑤ 图 4-3-5	1．注入打好奶泡的牛奶、30ml浓缩咖啡时，注意分层操作。 2．将香蕉碎块放在酸奶上方，用勺"抹严"香蕉泥，防止注入咖啡后渗入香蕉泥中，使愿意分层品饮的客人得到满足。 3．注意层次分明。 4．奶泡无须过满，为做奶油造型做好铺垫。

续表

操 作 方 法	注 意 事 项
 ⑥ 图 4-3-5	注入牛奶、奶泡至杯子上沿，如图 4-3-5 所示。	
 ① ② 图 4-3-6	（4）奶泡上的图案设计 　　螺旋状挤上发泡鲜奶油。 　　把香蕉片轻轻放到造型的奶油上装饰，如图 4-3-6 所示。	1．图案应迅速完成，时间过长影响咖啡口味。 2．检查饮品的分层效果是否良好，保证出品一杯完美的香蕉咖啡。

3．咖啡出品

操 作 方 法	注 意 事 项
 图 4-3-7	（1）咖啡出品准备 　　准备好托盘、杯垫，如图 4-3-7 所示。	咖啡杯和咖啡不可随意搭配，要精心设计。
图 4-3-8	（2）咖啡出品 　　将调制好的咖啡置于托盘上，可以为客人服务咖啡了，如图 4-3-8 所示。	注意托盘托平走稳。

4．咖啡服务同单元一中的任务一

相关知识

（一）花式咖啡的装饰

1．调配品装饰：挤上鲜奶油做造型装饰，用玉桂枝、橙皮、水果片、可可粉、巧克力粉等装饰。

2．配饰品装饰：用玉桂枝、橙皮、吸管等装饰。

3．拉花装饰：用奶泡拉花或奶泡描绘图案装饰。

技能训练

（一）鲜奶油图案设计与操作

熟练鲜奶油图案设计，熟练掌握挤发泡鲜奶油的操作。

（二）服务咖啡前的质量检查

1．用 200 ～ 300ml 容量耐热玻璃咖啡杯，检查咖啡杯、咖啡勺清洁无咖啡液渍。

2．服务时咖啡温度不低于 75℃，以保证客人品饮到 60℃左右的咖啡。

3．杯内奶泡、咖啡、香蕉分成三层，层次分明，鲜奶油图案精巧。

完成任务

（一）小组练习

1．将班上学生分成小组，各小组选一位组长带领组员，完成准备工作、浓缩咖啡基底调制、咖啡调制、咖啡出品、咖啡服务和咖啡鉴赏等工作。

2．—个人完成：组员独立调制一杯"香蕉咖啡"并邀请同学品尝。

（二）小组评价

出品客人喜欢的"香蕉咖啡"有哪些关键？

（三）综合评价

综合评价包括小组之间的互评和老师对各小组工作的系统评价。主要评价项目如下：

1．品饮评价

品饮评价表

评 价 项 目	评 价 内 容	评 价 标 准	个 人 评 价	小 组 评 价	教 师 评 价
看	咖啡产品	咖啡整体形象： A 优、B 良、C 一般			
		表层图案或造型： A 优、B 良、C 一般			

右上：续表

评 价 项 目	评 价 内 容	评 价 标 准	个 人 评 价	小 组 评 价	教 师 评 价
闻	咖啡	A 香气浓郁、B 香气清淡			
品饮	奶泡	顺滑度：A 强、C 弱			
	咖啡	苦：A 强、B 中、C 弱			
		香：A 强、B 中、C 弱			
		酸：A 强、B 中、C 弱			
		甘：A 强、B 中、C 弱			
	香蕉泥与酸奶混合层	奶香：A 强、B 中、C 弱			
		香蕉风味：A 强、B 中、C 弱			
		酸奶风味：A 强、B 中、C 弱			
品饮礼仪		A 优、B 良、C 一般			
咖啡鉴赏汇总			建议		

2．能力评价

能力评价表

内　　容		评　　价	
学 习 目 标	评 价 项 目	小 组 评 价	教 师 评 价
知识 / 应知应会	1．出品客人喜欢的咖啡，有哪些关键	Yes / No	Yes / No
	2．咖啡服务方法，咖啡品饮礼仪	Yes / No	Yes / No
专业能力 1．"香蕉咖啡"调制 2．鲜奶油图案设计与操作 3．鉴赏咖啡	1．"香蕉咖啡"调制方法	Yes / No	Yes / No
	2．调制操作规范	Yes / No	Yes / No
	3．咖啡服务	Yes / No	Yes / No
	4．咖啡鉴赏	Yes / No	Yes / No
	5．吧台整理与器具保养	Yes / No	Yes / No
通用能力	组织能力	Yes / No	Yes / No
	沟通能力	Yes / No	Yes / No
	解决问题能力	Yes / No	Yes / No
	自我管理能力	Yes / No	Yes / No
	创新能力	Yes / No	Yes / No
态度	敬岗爱业 态度认真	Yes / No	Yes / No
个人努力方向与建议			

作 业

1．如何向客人介绍"香蕉咖啡"？

2．简述"香蕉咖啡"的调制方法。

3．如何创新鲜果型花式咖啡，提出调制方案？

单元实训 时尚花式咖啡创新

（一）完成任务

将班上学生分成小组，各小组选一位组长带领组员，完成下述任务：

1．小组合作咖啡创新方案设计，形成咖啡创新方案设计报告。

2．小组自行设计《咖啡新品品饮评价》表。

3．依据可行性获得通过的创新方案，合作调制的咖啡新品。

4．小组代表表演：咖啡创新调制展示并邀请同学品尝。

咖啡创新方案设计报告表

项　　目	内　　容	小 组 评 价	教 师 评 价
咖啡名称		Yes / No	Yes / No
咖啡创新价值		Yes / No	Yes / No
咖啡调制方法设计		Yes / No	Yes / No
调制原、配料设计		Yes / No	Yes / No
调制设备器具设计		Yes / No	Yes / No
咖啡新品形象设计		Yes / No	Yes / No
《新品品饮评价》设计	自行设计《咖啡新品品饮评价》表	Yes / No	Yes / No
咖啡服务设计		Yes / No	Yes / No
咖啡新品预期		Yes / No	Yes / No
新品成本预算		Yes / No	Yes / No
创新方案评价汇总			咖啡创新方案 实施可行性 Yes / No

（二）小组评价

1．完成咖啡新品创新方案设计的关键有哪些？

2．咖啡新品调制的关键有哪些？

（三）综合评价

综合评价包括小组之间的互评和老师对各小组工作的系统评价，主要评价项目如下：

1．依据小组设计《咖啡新品品饮评价表》自评，教师给予总体评价。

2．能力评价

能力评价表

内　　容			评　　价	
学 习 目 标		评 价 项 目	小 组 评 价	教 师 评 价
知识	应知应会	1．出品客人喜欢的新品咖啡的关键	Yes / No	Yes / No
		2．服务咖啡的方法，咖啡品饮礼仪	Yes / No	Yes / No

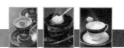
续表

内　　容		评价项目	评　　价	
学习目标		评价项目	小组评价	教师评价
专业能力	咖啡新品创新方案设计 咖啡新品调制 鉴赏咖啡	1．咖啡新品创新方案设计	Yes / No	Yes / No
		2．咖啡新品调制操作	Yes / No	Yes / No
		3．咖啡鉴赏	Yes / No	Yes / No
		4．吧台整理与器具保养	Yes / No	Yes / No
通用能力	组织能力		Yes / No	Yes / No
	沟通能力		Yes / No	Yes / No
	解决问题能力		Yes / No	Yes / No
	自我管理能力		Yes / No	Yes / No
	创新能力		Yes / No	Yes / No
态度	敬岗爱业 态度认真		Yes / No	Yes / No
个人努力方向与 建议				

作　业

根据现有资源小组合作，完成咖啡新品创新方案设计，并形成咖啡创新方案设计报告。

单元五

咖啡创业

"全球数字化风云人物"中国搜狐公司总裁张朝阳说:"这个时代给了我们这一代人前所未有的机会。我们要抓住这个机会,要有梦想。但是,这个梦想要从做开始。"

自1998年起,咖啡人均消费量正以每年30%的速度递增,随着社会文明与富裕,咖啡呈现出广阔的市场前景。发现咖啡业商机的创业者,一定能分享到中国经济发展的成果,为创业者实现梦想开辟一条崭新之路。

🥣 学习目标

· 能够发现商机。
· 做好咖啡店的选址。
· 制订营销策略。
· 制订创业计划。
· 完成注册登记。

追求卓越品质 创新服务 实现创业理想

任务一　发现商机

发现商机＋我能行＋好地段＋？　＝创业成功

马克吐温说过："我极少能看到机会，往往在我看到机会的时候，它已经不再是机会了。"商机既是生意，同时又是一个难得的机会，是大多数人没有看到、只有少数人先看到的生意，如果人人都看到了它就不是商机了，所以人们深有体会地称商机就是赚钱的门道，是创造财富的机缘。创业不能是一时冲动之举，无论个人的创业愿望多么强烈，都应把发现商机（获取、识别、把握有价值的机会）作为创业的起点，理性创业。

想成为成功的创业者，就要掌握发现商机的规律与技巧，具备发现商机的特殊禀赋，并依靠较强的获取、识别、把握有价值的机会来实现创业理想。

📋 任务描述

职业学校学生王军十分喜欢调制咖啡，对咖啡文化产生了浓厚的兴趣。工作几年以后，王军的咖啡调制技艺精湛，成为饭店名副其实的咖啡师。一次家人聚会，王军调制了几款咖啡，令家人惊奇。他所介绍的咖啡知识让家人非常感兴趣，家人一致认为咖啡创业项目很有价值。渴望创业的王军受到启发，开始寻找商机。

发现咖啡创业的商机 找到创造财富的机缘

📂 任务分析

商机识别包含发现机会和评价机会价值两方面活动，创业的商机是为具备创业能力者所用。要通过科学的"创业能力的自我评估"，决定发现的商机能否为我所用，避免创业行为盲目冲动，为成功创业打下良好的基础。创业者能够发现商机，两种能力不可或缺：一是优先获取别人难以接触到的有价值信息的能力；二是具备较强的识别、把握商机的能力。发现商机一般通过"信息获取"、"商机识别"、"商机把握"三个步骤进行。具体方法如下：

（一）信息获取

创业者通常用以下方式获取信息：① 工作或生活中获取信息。通过创业者个体的工作或生活圈子，比其他人更易获取咖啡创业机会的信息，优先获取别人难以接触到的有价值信息。② 社会关系网获取信息。创业者拥有较强的社会关系，通常能够获取他人难以获取的信息。

③ 创业者用较强的敏锐与洞察力获取信息。由于创业者对信息的敏锐把握和解读能力，使其获取别人看到却没引起注意，或注意到却没引起触动的信息。

（二）商机识别

创业者通常用经验识别和借助社会关系网识别的方式或组合方式进行商机识别。经验识别是指创业者自身有先前经验，然后利用经验识别商机。借助社会关系网识别商机是要注意听取不同的声音，获取全新的见解，将有助于解决自己的问题。

发现的商机价值如何？其识别方法是通过对市场认同、财务分析、项目优势、竞争优势、团队优势、项目缺陷、创业认同、创业促进等方面，进行个人经验识别和借助社会关系网识别。评估咖啡创业商机价值，若有缺陷，能否改进，如何改进，是决定该项目能否成为商机的关键。

（三）商机把握

即使商机价值再大，如果缺乏必备的条件和因素，盲目创业带来的将是血本无归的代价。应该从个人经验、社会关系网、经济状况三个方面进行评估。创业是一件具有高度风险的活动，没有一个创业机会是完美的，也没有任何创业者是在完全适合自己的条件下开展创业活动的。因此，在评价创业机会之后是否决定投入创业，仍然是一个比较主观的决策。准确地完成"创业能力的自我评估"，要客观地进行个人创业动机、创业信念与意志、创业知识、创业技能与经验、经营项目的专业水准和公共关系能力等方面进行评估，决定发现的商机能否为我所用。

相关知识

（一）发现商机的策略

1. 从变化中发现商机。产业结构的变化，如进入 20 世纪 80 年代，信息技术及以其为核心的现代高端技术群迅速壮大，人类产业活动的规模和方式有了巨大的变化，科技进步、经济信息化、服务化，价值观与生活形态变化，人口结构变化，这些环境的变化，会给各行各业带来发展的良机。创业者透过各种信息渠道，关注变化的规律、趋势和事态，就一定能够发现变化带来的商机。

2. 问题中蕴含着商机。当别人遇到问题，迫切需要解决的时候，如果能够提供解决办法，这种能够满足他人需求的办法就成为商机。

3. 从竞争中发现商机。同样的产品或服务，能够比别的企业做得更快、更便宜、质量更高，那么就已经从竞争中发现商机。

（二）商机的特征

1. 有吸引力：需要有需求旺盛的市场和丰厚的利润，而且还容易赚钱，规模成长迅速（20%以上），能够较早实现充足的自由现金流（不断进账的收入，固定和流动资本低），盈利潜力高（税后利润为 10% ～ 15% 以上），以及为投资者提供切实可行又极具吸引力的回报（投资回报率在 25% ～ 30% 以上）。

2. 持久性：机会窗口打开的时间相对较长，创业者利用机会时，机会窗口必须是敞开的。随着市场的成长，企业进入市场并设法建立有利可图的定位。

3. 及时性：这些机会需要很快地满足某项重大的需要或愿望，或者尽早地帮助人们解决

一些重大问题。

在实践中，准确把握有价值的商机并不容易。原因在于，时间对创业者来说，既可以是朋友，也可以是敌人。如果想要通过深刻细致的方法来评价发现的商机，一个季度可能不够，一年也不一定够，甚至十年都不一定够，这就是残酷的事实。而在这个现实中，最困难的一点就是：创业者必须找到能把好的想法付诸实施的最佳时机，并准确把握这个时机。正因为如此，创业活动才形成了创造神话与梦想破灭的独特魅力——许多人尝试，一些人成功，少数人出类拔萃。掌握前面学习过的分析方法，有助于帮助创业朋友在发现创业机会后，花费较少的时间、精力和成本迅速完成对商机潜力的基本判断。

技能训练

（一）商机价值评估技能训练

小组合作进行社会调查，考察多个咖啡店，对小组选定的咖啡店作为模拟咖啡创业商机评估对象，参考下表完成评估训练，老师听取汇报后做出评价。

咖啡创业商机价值评估表

评价项目	评价内容	个人评估	社会关系网综合评估
市场认同	市场容易识别，可以带来持续收入	Yes / No	Yes / No
	顾客接受产品或服务，愿意为此付费	Yes / No	Yes / No
	咖啡服务产品的附加价值高	Yes / No	Yes / No
	产品对市场的影响力高	Yes / No	Yes / No
	开发的咖啡产品生命长久	Yes / No	Yes / No
	咖啡创业是新兴行业，竞争尚不完善	Yes / No	Yes / No
	拥有低成本的供货商，具有成本优势	Yes / No	Yes / No
	补充	Yes / No	Yes / No
财务分析	盈亏平衡点不会逐渐提高	Yes / No	Yes / No
	对资金的要求不是很大，能够获得融资	Yes / No	Yes / No
	现金流量占到销售额的 20% ~ 30% 以上	Yes / No	Yes / No
	能获得持久的毛利，毛利率要达到 40% 以上	Yes / No	Yes / No
	税后利润持久，税后利润率要超过 10%	Yes / No	Yes / No
	研究开发工作对资金的要求不高	Yes / No	Yes / No
	补充	Yes / No	Yes / No
项目优势	项目带来的附加价值具有较高的战略意义	Yes / No	Yes / No
	存在现有的或可预料的退出方式	Yes / No	Yes / No
	资本市场环境有利，可以实现资本的流动	Yes / No	Yes / No
	补充	Yes / No	Yes / No
竞争优势	固定成本和可变成本低	Yes / No	Yes / No
	对成本、价格和销售的控制较高	Yes / No	Yes / No
	已经获得或可以获得对专利所有权的保护	Yes / No	Yes / No
	竞争对手尚未觉醒，竞争较弱	Yes / No	Yes / No
	拥有专利或具有某种独占性	Yes / No	Yes / No
	拥有发展良好的网络关系，容易获得合同	Yes / No	Yes / No
	拥有出色的管理人员或管理团队	Yes / No	Yes / No

续表

评价项目	评价内容	个人评估	社会关系网综合评估
	补充	Yes / No	Yes / No
团队优势	创业者团队是一个优秀管理者的组合	Yes / No	Yes / No
	技术经验达到了咖啡行业内的较高水平	Yes / No	Yes / No
	服务团队的服务意识、能力达到最高水平	Yes / No	Yes / No
	管理团队知道自己缺乏哪方面的知识	Yes / No	Yes / No
	补充	Yes / No	Yes / No
项目缺陷	不存在任何致命缺陷问题	Yes / No	Yes / No
创业认同	个人目标与创业活动相符合	Yes / No	Yes / No
	咖啡创业可以在有限的风险下成功	Yes / No	Yes / No
	创业者能接受薪水减少损失	Yes / No	Yes / No
	创业者可以承受任何适当的风险	Yes / No	Yes / No
	创业者在压力下状态依然保持良好	Yes / No	Yes / No
	补充	Yes / No	Yes / No
创业促进	创业理想与实际情况相吻合	Yes / No	Yes / No
	在客户服务管理方面有很好的理念	Yes / No	Yes / No
	所创办的咖啡事业顺应时代潮流	Yes / No	Yes / No
	技术具有突破性，替代品或竞争对手占少数	Yes / No	Yes / No
	具备灵活的适应能力，能快速地进行取舍	Yes / No	Yes / No
	优化与创新始终是咖啡创业的主题	Yes / No	Yes / No
	咖啡产品定价与市场领先者几乎持平	Yes / No	Yes / No
	能够获得销售渠道，或已拥有现成的网络	Yes / No	Yes / No
	经得起创业的失败	Yes / No	Yes / No
	补充	Yes / No	Yes / No
能否改进、如何改进			能否成为商机：Yes / No

（二）面对商机的自我评估训练

小组组员根据下表进行自我评估，根据评估过程和结论自我讲评，提高认识，完善自我。

面对商机自我评估表

评价项目	评价内容	个人评估	小组评价	老师评价
个人经验	以前的工作、生活经验丰富，具备把握商机实施创业所必需的知识和技能	Yes / No	Yes / No	Yes / No
经济状况	能承受从事创业活动所带来的机会成本，咖啡创业的潜在价值能够弥补放弃工作造成的损失	Yes / No	Yes / No	Yes / No
社会关系网	自己身边认识、熟悉的人能够支撑实施创业所必需的资源和其他因素	Yes / No	Yes / No	Yes / No
面对商机的个人努力方向			能够把握商机：Yes / No	

（三）创业能力的自我评估训练

小组组员进行个人创业能力的自我评估，根据评估过程和结论自我讲评，提高认识，完善自我。具体评估方法参考下表。

创业能力的自我评估表

评 估 项 目	内　容	个 人 评 价	小 组 评 价	老 师 评 价
创业动机	1．充分地利用个人所拥有的知识、技能	Yes / No	Yes / No	Yes / No
	2．实现自我价值	Yes / No	Yes / No	Yes / No
	3．能够创造财富	Yes / No	Yes / No	Yes / No
	其他：	Yes / No	Yes / No	Yes / No
创业信念与意志	1．要付出的艰辛，有坚强的意志	Yes / No	Yes / No	Yes / No
	2．创业中纵有千难万难不退缩、不放弃	Yes / No	Yes / No	Yes / No
	3．有承担风险的勇气和胆略	Yes / No	Yes / No	Yes / No
	其他：	Yes / No	Yes / No	Yes / No
创业知识、技能、经验	1．具备创业知识	Yes / No	Yes / No	Yes / No
	2．具备创业技能	Yes / No	Yes / No	Yes / No
	3．具备创业经验	Yes / No	Yes / No	Yes / No
	4．熟悉相关法律法规	Yes / No	Yes / No	Yes / No
	其他：	Yes / No	Yes / No	Yes / No
经营项目专业水准	1．能够调制各种咖啡，创建客人需求的咖啡品牌	Yes / No	Yes / No	Yes / No
	2．能够准确定位咖啡经营主题	Yes / No	Yes / No	Yes / No
	3．能够进行服务环境的设计与布置	Yes / No	Yes / No	Yes / No
	4．能够完成咖啡服务设计，创建服务品牌	Yes / No	Yes / No	Yes / No
	5．独立完成经营任务	Yes / No	Yes / No	Yes / No
	其他：	Yes / No	Yes / No	Yes / No
公共关系能力	1．能够得到家人和朋友的支持	Yes / No	Yes / No	Yes / No
	2．能够利用社会资源	Yes / No	Yes / No	Yes / No
	3．具备通用能力	Yes / No	Yes / No	Yes / No
	其他：	Yes / No	Yes / No	Yes / No
努力方向			能否成为创业者：Yes / No	

完成任务

（一）小组练习

将班上学生分成小组，各小组选一位组长带领组员，进行“我是王军”的模拟，按照“信

息获取"、"商机识别"、"商机把握"的步骤讨论发现商机的过程，共同完成下表中发现商机的具体事件描述的填写。组长做好发现商机组间交流的发言准备。

发现商机具体事件描述表

发现商机步骤	发现商机过程	发现商机的具体事件描述
信息获取	王军通过工作和社会网络获取信息 补充：	
商机识别	王军坚信他通过的咖啡服务会比别人做得更好，从中发现商机 补充：	
	王军通过个人经验和借助社会网络评估咖啡创业商机价值 补充：	
商机把握	从个人经验、社会网络、经济状况三方面进行评估，确定咖啡创业必备条件和因素 补充：	
	王军通过"创业能力的自我评估"，决定发现的商机能否为我所用，理性把握商机 补充：	
个人体会与建议		

（二）小组讨论

1. 应具备哪些能力才能发现商机？
2. 商机的特征有哪些？

（三）综合评价

根据组长所做的发现商机组间交流的发言，综合包括小组之间的互评和各小组的"完成任务"进行系统评价，主要评价如下：

1. 发现商机评价

发现商机评价表

评价项目	评价内容	个人评价	小组评价	老师评价
获取信息	获取信息过程	Yes / No	Yes / No	Yes / No
	获取信息的具体事件描述	Yes / No	Yes / No	Yes / No
商机识别	获取商机过程	Yes / No	Yes / No	Yes / No
	获取商机的具体事件描述	Yes / No	Yes / No	Yes / No
	评估咖啡创业商机价值过程	Yes / No	Yes / No	Yes / No
	评估咖啡创业商机价值的具体事件描述	Yes / No	Yes / No	Yes / No
商机把握	确定咖啡创业必备条件和因素的过程	Yes / No	Yes / No	Yes / No
	确定咖啡创业必备条件和因素的具体事件描述	Yes / No	Yes / No	Yes / No
	商机能否为我所用过程	Yes / No	Yes / No	Yes / No
	商机能否为我所用的具体事件描述	Yes / No	Yes / No	Yes / No
个人努力方向与建议				

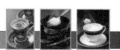

2. 能力评价

能力评价表

内 容		评 价	
学 习 目 标		评 价 内 容	组 间 评 价	教 师 评 价

内 容			评 价	
学 习 目 标		评 价 内 容	组 间 评 价	教 师 评 价
知识	应知应会	1. 发现商机应具备的能力	Yes / No	Yes / No
		2. 商机的特征	Yes / No	Yes / No
专业能力	获取信息能力	1. 获取信息能力	Yes / No	Yes / No
	商机识别能力	2. 商机识别能力	Yes / No	Yes / No
	商机把握能力	3. 商机把握能力	Yes / No	Yes / No
通用能力	组织能力		Yes / No	Yes / No
	沟通能力		Yes / No	Yes / No
	解决问题能力		Yes / No	Yes / No
	自我管理能力		Yes / No	Yes / No
	创新能力		Yes / No	Yes / No
态度	热爱咖啡事业，坚强的意志		Yes / No	Yes / No
个人努力方向与建议				

作 业

1. 简述王军发现商机需要的过程。
2. 谈谈个人对发现商机价值的认识。

任务二 咖啡店的选址

……+ 好地段 + ？ = 创业成功

营造一个更加"靠近客人"的咖啡店，如果位置顺脚，服务顺心，客人们会如约而至。咖啡店恰当地选择店址非常重要，被视为咖啡店经营中核心，是咖啡创业成功的关键之一。

任务描述

渴望创业的王军受家人的启发，发现咖啡创业的商机，决定以既满足商务、时尚人士，又吸引大众为主题着手咖啡创业，并把咖啡店选址作为当前的工作重点。

选择咖啡店理想的店址

任务分析

（一）"咖啡店的选址"方法选择

咖啡店的选址工作繁杂，要考虑多方面的因素。用方便实用的"表格法"，高效科学，评估全面，一目了然。

（二）"咖啡店的选址"过程分析

完成咖啡店的选址，一般要分"创建选址预期"、"选址考察和评估"、"咖啡店场地的租、买合同的签订"三个阶段，具体方法如下：

1．创建选址预期

（1）明确选址要素

咖啡店为目标市场的顾客群提供满意的服务，咖啡店选址首先应考虑客人喜欢、顺脚的位置，再考虑其他因素。选址预期一般考虑如下要素：① 消费群体；② 交通便利；③ 周边环境；④ 竞争对手；⑤ 客流高峰；⑥ 营业面积；⑦ 使用期限；⑧ 水、电、气；⑨ 房屋租、买价格。可参考以上要素，根据具体情况加以完善。

选址预期考虑要素

（2）创建相关标准

对照选址要素，创建选址预期，为选择理想经营场所提供依据，并设计出"选址标准表"。

2．选址考察和评估：搜集营业场地租、售信息，根据选址进行预期筛选。选择符合的场地进行选址考察，并将考察情况翔实记录在下表中。依据选址预期和选址考察情况对比，评估选址是否理想，通过选址汇总，得出选址结论。

选址工作表

项目＼内容	选 址 预 期	选址考察记录	评 估
消费群体	依咖啡创业主题锁定消费群体，如：学生、商务人士、广告人士、记者、有闲群体等	实地考察、周边询问、客观记录	Yes / No
交通便利	交通便利、主干道旁、停车方便等	实地考察、周边询问、客观记录	Yes / No
周边环境	周边有学校、公园、机关、车站、机场等	实地考察、周边询问、客观记录	Yes / No
竞争对手	周边有冷饮店、西餐店、咖啡店、饭店、酒吧等	实地考察、周边询问、客观记录	Yes / No
客流高峰	店址处于繁华的街区，店址处于城市休闲中心，处于已具备品饮咖啡氛围的街区	实地考察、周边询问、客观记录	Yes / No
营业面积	XXX 平方米	实地考察、客观记录	Yes / No
使用期限	XX 年以上	实地考察、周边询问、客观记录	Yes / No
水、电、气	齐全	实地考察、客观记录	Yes / No
房屋租、买价格	房屋租或买，XX 万元以内	实地考察、周边询问、客观记录	Yes / No
其他（补充选址项目）	（选址预期）		
体会与建议		选址结论：Yes / No	

3．签订租、买合同：经过选址考察，确定咖啡店场地，就可以着手咖啡店场地的租、买合同的签订，完成咖啡店选址任务。

相关知识

（一）适宜开咖啡店的选址建议

咖啡店的选址应更加"靠近客人"，"靠近客人"既有位置上（顺脚）的靠近，又有内涵上（文化认同）的靠近，要让客人们感受到，这是一间"我喜欢的咖啡店"。

1．商业区附近：商场、购物中心、超市、饭店、书店；

2．休闲区附近：电影院、公园、运动场；

3．机场内、图书馆、艺术馆；

4．办公机构、大学校园等。

不恰当的选址：高速公路旁、缺乏流动人口的地方、高层楼房旁、以及有拆迁可能的地段。

（二）咖啡店形象设计

咖啡店形象设计，要给消费者留下美好印象，这样才能招揽顾客，扩大销售目的。

1．店面的设计风格要符合经营特色与主题，是客人喜欢的咖啡厅。

2．店面的装潢要充分考虑与原建筑风格及周围店面是否协调，过分"特别"虽然抢眼，若消费者觉得"粗俗"，就会失去信赖。

3．装饰要简洁，宁可"不足"，也不要"过分"，不宜采用过多的线条分割和色彩渲染，免去任何多余的装饰，给客人传递明快的信息。

4．店面的色彩要统一谐调，不宜采用任何生硬、强烈的对比。

5．招牌上字体大小要适宜，过分粗大会使招牌显得拥挤，容易破坏整体布局。可通过衬底色来突出店名。

（三）咖啡店招牌设计

具有醒目、丰富想象力和强烈吸引力的咖啡店招牌，对顾客的视觉冲击和心理的影响是重大的。

1．文字设计：咖啡店招牌文字设计备受重视，时尚性的创意层出不穷，如不断涌现以标语口号、数字等组合而成的艺术性、立体性的招牌。

2．突出导入功能：咖啡店招牌的导入功能，决定了它最应引人注目，要采用各种装饰方法使其突出个性，引人注目。如用霓虹灯、射灯、彩灯、反光灯、灯箱等来加强效果，或恰当地装饰衬托，做到高雅、清新。

3．使用的材料：咖啡店招牌底板经常采用薄片大理石、花岗岩、金属不锈钢板、薄型涂色铝合金板等。石材门面显得厚实、稳重、高贵、庄严；金属材料门面显得明亮、轻快，富有时代感。随着季节的变化，还可以在门面上安置各种类型的遮阳蓬架，这会使门面清新、活泼。

咖啡店形象

技能训练

（一）创建选址预期训练

以咖啡店的选址更加"靠近客人"，便于经营为原则，小组合作完成创建咖啡店选址预期。

选址预期评价表

评价指向：   咖啡店经营主题：

项目＼内容	选址预期描述	其他组评价	老师评价
消费群体		Yes / No	Yes / No
交通便利		Yes / No	Yes / No
周边环境		Yes / No	Yes / No
竞争对手		Yes / No	Yes / No
客流高峰		Yes / No	Yes / No
客人喜欢、顺脚		Yes / No	Yes / No
符合经营主题		Yes / No	Yes / No
其他：		Yes / No	Yes / No
努力方向与建议			

（二）选址考察技能训练

小组合作，在前面学习考察过的多个咖啡店中，选择两个对其选址特点进行评价，以提高本人的选址考察技能。建议选定一个指定的咖啡店各小组分别评价，便于对比，再各自任选一个进行训练。

选址评价表

评价指向：   咖啡店经营主题：

项目＼内容	选址特点描述	选址特点评价	其他组评价	老师评价
消费群体			Yes / No	Yes / No
交通便利			Yes / No	Yes / No
周边环境			Yes / No	Yes / No
竞争对手			Yes / No	Yes / No
客流高峰			Yes / No	Yes / No
客人喜欢、顺脚			Yes / No	Yes / No
符合经营主题			Yes / No	Yes / No
其他：			Yes / No	Yes / No
个人体会与建议				

咖啡店选址考察

完成任务

（一）小组练习

将班上学生分成小组，各小组选一位组长带领组员，帮助王军完成"创建选址预期"、"选址考察和评估"、"咖啡店场地的租、买合同的签订"等工作。

选址工作表

项目＼内容	选 址 预 期	选址考察记录	评 估
消费群体			Yes / No
交通便利			Yes / No
周边环境			Yes / No
竞争对手			Yes / No
客流高峰			Yes / No
营业面积			Yes / No
使用期限			Yes / No
水、电、气			Yes / No
房屋租、买价格			Yes / No
其他：			Yes / No
工作体会			选址结论：Yes / No

（二）小组讨论

1．如何做好选址预期？

2．如何做好选址考察和评估？

（三）综合评价

综合评价包括小组之间的互评和老师对各小组工作的系统评价。主要评价项目如下：
"完成咖啡店选址"评价表（对照小组完成的"创建选址工作表"进行评价）。

咖啡店选址评价表

项目＼内容	评 价 标 准	小 组 互 评	老 师 评 估
消费群体预期 考察记录	预期的价值与可行性 考察与预期的吻合度	Yes / No	Yes / No
交通便利预期 考察记录	预期的价值与可行性 考察与预期的吻合度	Yes / No	Yes / No
周边环境预期 考察记录	预期的价值与可行性 考察与预期的吻合度	Yes / No	Yes / No
竞争对手预期 考察记录	预期的价值与可行性 考察与预期的吻合度	Yes / No	Yes / No
客流高峰预期 考察记录	预期的价值与可行性 考察与预期的吻合度	Yes / No	Yes / No
营业面积预期	预期的价值与可行性 考察与预期的吻合度	Yes / No	Yes / No
使用期限预期			
水、电、气预期			
房屋租、买价格预期			
其他	预期的价值与可行性 考察与预期的吻合度	Yes / No	Yes / No
评价汇总	评价汇总客观、翔实，能够准确得出选址结论	Yes / No	Yes / No
建议		小组选址任务完成 Yes / No	

2．能力评价

能力评价表

内 容			评 价	
学习目标		评价内容	小组评价	教师评价
知识	应知应会	1. 创业能力评估方法	Yes / No	Yes / No
		2. 如何做好选址预期	Yes / No	Yes / No
专业能力	创建选址预期能力 选址考察和评估能力	1. 创建选址预期	Yes / No	Yes / No
		2. 选址考察和评估	Yes / No	Yes / No
		3. 签订租、买合同	Yes / No	Yes / No
通用能力	组织能力		Yes / No	Yes / No
	沟通能力		Yes / No	Yes / No
	解决问题能力		Yes / No	Yes / No
	自我管理能力		Yes / No	Yes / No
	创新能力		Yes / No	Yes / No
态度	热爱咖啡事业、坚强的意志		Yes / No	Yes / No
个人努力方向与建议				

作 业

1．利用课余时间，考察多个咖啡店，评价其选址特点。

2．试为王军的咖啡店起店名。

提示：或高雅易记；或简洁，一目了然；或呈现怀旧、叙情、幽默、名人、时尚的风情；或魅力四射，吸引人们的眼球。

3．以满足学生消费为主题进行咖啡创业，完成咖啡店的选址任务。

任务三 制订营销策略

　　星巴克是一家1971年诞生于美国西雅图、靠咖啡豆起家的咖啡公司。在2001年《商业周刊》的全球著名品牌排行榜上，麦当劳排名第9，星巴克排名第88；2003年《财富》杂志评选全美最受赞赏的公司，星巴克名列第9。据统计，星巴克每8个小时就会新开一家咖啡店，至今已经在世界各地开店近万间，备受瞩目。

　　从产品角度看，它并不能以产品制胜，相反的是替代性产品和竞争性产品比比皆是。从服务角度看，很难想像星巴克能够以服务制胜，个性化服务已经不再是独门绝技，早已呈现在许多领域之中。在各种产品与服务风起云涌的时代，星巴克公司却把一种传统产品咖啡，发展成为与众不同的、持久的、高附加值的品牌，实在令人难以置信。是什么创造了星巴克奇迹？

　　星巴克的成功主要在于所制订的营销策略，它是在市场这只"无形的手"中完美雕塑而成的。研究表明：2/3的成功企业的首要目标就是满足客人的需求和保持长久的客户关系，而星巴克的核心价值观是"关系理论"，是符合目标市场顾客群的

单元五｜咖啡创业

需求，视它同调制高品质的咖啡豆一样重要，这种核心价值观认同"人与人之间真诚、信任和包容的和谐关系"。营销策略能够充分体现出星巴克的核心价值观，势必提高客人的咖啡品味、文化内涵，满足客人对咖啡之外的需求，奇迹般打造出星巴克咖啡王国。

有人认为这很简单，别人也是这么做的，可星巴克却能成功，区别在于星巴克把所注重的客人对咖啡之外的体验需求及文化内涵需求的满足，用心地、持久地落实在行动之中。

任务描述

咖啡厅店址已选定，离繁华市区不远，但闹中取静，周边已经形成休闲氛围。咖啡厅面积 120m^2，购买总房款 98 万元，若租赁，租金为 12 万元/年，王军与房屋产权单位签订租赁五年的合同，其中约定五年内王军可以改租赁房屋为购买房屋，五年租赁到期有房屋优先购买权，给付 12 万元租金之日合同生效。王军自有 4 万元，向亲友借款 8 万元，资金不足的部分向银行贷款解决。咖啡创业不是一件轻松的事，王军忙得不可开交，如何经营一间客人们喜欢的咖啡店，王军思考万千，他请教多位专家，学习研究从互联网上获取的大量信息，得出"要想成事，策略为先"的结论，制订出营销策略计划为当务之急。

服务的意愿是客人欣赏的优化调制，创新调制提升服务品质

任务分析

制订出的营销策略，要能够贯彻市场认同的企业价值观，融入企业经营理念，实现"员工满意、客人惊喜"的愿景。通过产品、定价、地点、促销、顾客保留和顾客推荐的营销要素，创建自己的咖啡品牌，增强咖啡店的吸引力，提高客人的满意度和忠诚度。制订营销策略的过程一般要通过制订产品策略、定价策略和促销策略实现，具体内容如下：

（一）制订产品策略

用合作学习的方法，例如在表中"□"内标注"Y"表示认同，大家各抒己见，把更好的想法补充于表的"其他"之中，共同完成产品策略的制订。

COFFEE **123**

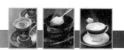
产品策略制订表

内容＼项目	策 略 目 的	产品策略描述	策略实施方法
产品组合策略	满足客人需求 □ 竞争中保持优势 □ 提前规划企业资源 □ 提供调整组合规模依据 □	决定生产、销售什么产品，产品如何组合，如咖啡、茶、食品等的组合 □	根据市场调查和预测 □ 研究客人需求 □ 同行对比等 □ 个人和社会网络经验 □ 落实到菜单与饮品单中 □ 员工培训认同，制度落实 □
生命周期策略	满足客人需求 □ 竞争中保持优势 □ 提供产品调整依据 □ 保证销售额和利润 □	生产或开发的产品能够在进入市场不久销售额和利润迅速增长，保持高峰时间长，不会突然衰退 □	每日统计，认真分析，查找问题原因，实行产品定期末位淘汰 □ 倾听客人意见 □ 鼓励员工创新形成制度 □ 落实到菜单与饮品单中 □ 员工培训认同，制度落实
产品创新策略	提供超值、惊喜的服务 □ 提高产品的附加值 □ 提高客人的满意与忠诚 □ 竞争中保持优势 □ 保证最优团队 □ 提高销售额和利润 □	生产或开发的产品能够在进入市场不久销售额和利润迅速增长，保持高峰时间长，不会突然衰退 □	每日统计，认真分析，查找问题原因，实行产品定期末位淘汰 □ 倾听客人意见 □ 鼓励员工创新形成制度 □ 落实到菜单与饮品单中 □ 员工培训认同，制度落实 □
产品创新策略	提供超值、惊喜的服务 □ 提高产品的附加值 □ 提高客人的满意与忠诚 □ 竞争中保持优势 □ 保证最优团队 □ 提高销售额和利润 □	创建员工认同的产品创新理念，既满足客人需求，又引领需求时尚 包括有形产品、服务、环境、氛围、文化内涵的创新 □	鼓励员工创新形成制度 □ 培养人才、引进人才 □ 建立学习型团队 □ 研究发现新技术、新设备、新工艺、新材料 □ 落实到菜单与饮品单中 □ 用员工培训认同，制度落实 □
品牌策略	提供超值、惊喜的服务 □ 提高产品的附加值 □ 提高客人的满意与忠诚 □ 竞争中保持优势 □ 保证最优团队 □ 树立形象、创建品牌 □ 提高销售额和利润 □	依据经营主题确定咖啡店的名字、标志 □ 明确品牌归属 □ 用有形产品、服务、环境、氛围、客人、文化内涵打造咖啡店的品牌。 □	做好商标注册 □ 做好互联网上的域名注册 □ 做好品牌注册时的自我保护 □ 用员工培训认同，制度落实 □
服务策略	提供超值、惊喜的服务 □ 提高产品的附加值 □ 提高客人的满意与忠诚 □ 竞争中保持优势 □ 保证最优团队 □ 树立形象、创建品牌 □ 提高销售额和利润 □	满足客人的需求和保持长久的客户关系 □ 认同"认真对待每一位客人，一次只调制客人需要的那一杯咖啡；" □ 认同品牌的成功不是一种一次性授予的封号和爵位，它必须以每一天的努力来保持和维护 □ 员工成为"咖啡迷"，能够恰当地为客人介绍咖啡产品、咖啡知识、咖啡调制技术，让客人也成为"咖啡迷" □	倾听客人意见 □ 研究客人需求 □ 同行对比等 □ 鼓励员工创新形成制度 □ 培养人才、引进人才 □ 建立学习型团队 □ 员工培训认同，制度落实 □
其他			

（二）制订定价策略

1．定价目的

（1）满足客人需求；

（2）竞争中保持优势；

（3）保证销售额和利润。

2．定价策略

（1）公开牌价

印在菜单或饮品单上的公开牌价相对稳定，为价格管理提供方便，为销售提供准则，也可以减少与客人之间的矛盾，提高服务信誉。

（2）价格水平

在竞争激烈的市场中，小型企业确定的价格水平高于或低于市场价格水平都是不明智的。因为竞争越激烈，企业对价格的掌握程度越小，价格就越接近竞争者。若产品突出、服务质量高，确实是客人认同的高档咖啡店，可以控制价格高于竞争者。

（3）新产品价格及价格灵活度

用固定的菜单和饮品单稳定咖啡店的产品价格，以临时性菜单和新品菜单增加新品，或优惠酬宾，满足客人需求。

（4）提价和降价策略

没有客人信服的理由，不宜轻易提价和降价。咖啡店常常用短期优惠、新品体验、团队优惠等名目招揽顾客；也常常用赠品、赠券、附加服务等提供酬宾服务。

3．定价方法

（1）声望定价法

以咖啡店中名厨、名师实施定价参考；以咖啡店品牌实施定价参考；以咖啡品牌实施定价参考；以服务品牌实施定价参考。

（2）竞争定价法

为企业提高竞争力，招揽必需的顾客数量而实施定价。

（3）毛利率定价法

毛利率是产品毛利与产品销售价格（销售毛利率）或者产品毛利与产品成本之间的比率（成本毛利率）。

毛利率定价法是使用较广泛的定价方法，咖啡店一般根据相关政策、同行业参考、本店情况确定产品的毛利率，核实产品的原材料成本，可以确定产品价格，其计算公式如下：

$$产品价格 = \frac{产品原材料成本}{1-销售毛利率}$$

产品价格 = 产品原材料成本 × （1+ 成本毛利率）

例：调制一杯摩卡咖啡，用咖啡豆 4 元，调配品 2 元，确定销售毛利率为 70%，请为摩卡咖啡定价。

解：用上述公式计算，摩卡咖啡每杯价格 = $\dfrac{4+2}{1-70\%}$ 元 =20 元

答：摩卡咖啡每杯价格为 20 元

注：创业者要考虑国家相关政策，咖啡店的档次、品牌，咖啡店投资与收益，成本与费用，竞争等综合因素完成产品定价。

3．制订促销策略

[成功咖啡店促销经验分享]

提升服务促销能力　星巴克意识到员工在品牌传播中的重要性，开创了自己的品牌促销方案。把广告的支出用于员工的福利和培训，提高员工的服务能力。

改善员工关系促进服务促销　1988 年，星巴克成为第一家为临时工提供完善的医疗保健制度的公司，1991 年，星巴克成为第一家为员工（包括临时工）提供股东期权的上市公司。通过一系列"员工关系"计划，公司确实收获不浅。在改革福利政策之后，有经验丰富的员工对星巴克发自内心的忠诚，非常重视建立客户关系，用服务促销赢得客人的信赖。同时员工流动率大幅度下降，培训成本降低，优质的服务可以长期保持。

窄播模式促销　星巴克坚信，只有透过亲切的互动关系，才能稳住老顾客并开拓新客源。星巴克采用相对缓慢的与顾客"一对一式"对话，用员工的耐心和经验慢慢地与客人建立关系。最初他们以这种一对一的方式引导稍有品位的客人，交流咖啡知识，介绍磨豆以及在家泡煮咖啡的技术，最后这种员工与客人分享咖啡资讯的方法赢得了赞誉，也培养了一群忠实的客人。而对于咖啡不太了解的客人，星巴克里的咖啡师傅则会细心讲解咖啡知识并会推荐适合的咖啡，让顾客找到自己喜欢的咖啡。

口碑促销　星巴克力塑良好口碑。例如在顾客发现东西丢失之前就把原物归还；门店的经理赢了彩票把奖金分给员工，照常上班；南加州的一位店长聘请了一位有听力障碍的人教会他如何点单并以此赢得了有听力障碍的人群，让他感受到友好的气氛等。

数字促销　步入因特网时代后，星巴克通过给顾客提供上网服务，吸引了他们期望的上层客户，不但提高了店面的利用率，延长了顾客在咖啡馆的停留时间，而且还增加了他们续杯的可能性。到 2003 年仲夏，美国大约就有 500 家星巴克咖啡店可以上网了。更值得一提的是星巴克不需为自己的网络战略花钱。康柏公司 (Compaq) 和微软公司 (Microsoft) 为星巴克咖啡店提供上网设备和人力，作为交换他们则可以在店里展示自己的产品。

店面设计促销　星巴克以绿色系为主的"栽种"；以深红和暗褐系为主的"烘焙"；以蓝色为水、褐色为咖啡的"滤泡"；以浅黄、白和绿色系诠释咖啡的"香气"。形成四种店面设计风格，依照店面的位置，再结合天然的环保材质，灯饰和饰品设计的门店，创造新鲜感。随着季节的不同，星巴克还会设计出新的海报和旗标装饰店面。灯、墙壁、桌子的颜色从绿色到深浅不一的咖啡色，都尽量模仿咖啡的色调。包装和杯子的设计也彼此协调来营造假日欢乐的、多彩的情调。

制订促销策略　成功咖啡店促销经验，让我们分享到制订促销策略的真谛：

仅靠广告、海报等媒体宣传，靠人员四处促销，是不能够把客人真正"拉"进咖啡店内的。

重要的是，改善员工关系，给予必须的培训，建立学习型团队，提高服务水平；打造令客人动心的品牌；与客人建立亲切的互动关系；塑良好口碑，不断地满足客人的期望，与客人共同度过令人留恋的咖啡时光。

精心、精致演绎精彩　关注、关爱创造卓越

相关知识

（一）培训秘诀

1．重视参加培训人员的选择，因材施教十分重要。

2．运用恰当地培训方式、舒适的教学环境，使学员感到身体舒适、心理满意。

3．培训过程中应与学员进行有效的沟通，沟通的重点应是与培训有关的内容。

4．对学员在培训过程中表现出来的错误，应首先请学员进行评定，征求学员的看法和意见，最后培训者提出自己的意见。在提出自己的意见之前，对学员的正确行为应给予肯定和鼓舞，然后指出不足，纠正应该是对事不对人。

（二）培训计划的制定须掌握以下原则

1．培训不仅仅是培训者的责任，而是全体员工的责任。

2．培训是一个连续不断的过程，它存在于任何时间，而不仅限于正式的培训期间。

3．培训必须是系统地进行的，必须协调一致。

4．培训计划的制定，必须既兼顾目前创业的需要，又关注创业的长远发展需求。

5．培训是员工人生生涯发展的一个重要组成部分，可以激励员工、关爱员工。

（三）笑容的威力

笑容不是奉承，是在服务中应该表现出的尊敬、款待之心；是客人在休闲过程中对咖啡厅服务的必需，真诚而又恰当的微笑是接近顾客、赢得尊重的最好方法。

表达笑容的心法：

1．表达感谢：由衷感谢（从那么多的咖啡厅中选中我们的店），即便因咖啡厅客满忙碌的时候，决不削减表达感谢之心，满面春风的迎接款待。

2．要有爱心：客人是带给我们鼓舞的人，与客人交流就像对自己的亲人、朋友一样，也就是对客人充满亲切感与爱心，这样才能最好的表达笑容。

3．要有信心。

咖啡调制与服务 ●●●

（四）避免服务过剩

不能掌握好宾客的心理特点，盲目追求"优质"服务的过程，结果适得其反，步入了"服务过剩"的误区：

1．过分热情，造成服务缺乏真诚

对宾客真诚的、发自内心的关爱，才称得上是热情的服务；反之，则是虚情假意、矫揉造作。机械式的、职业化的微笑，会造成在某些尴尬场面甚至是紧急情况下，服务员依然是慢条斯理地微笑，全然不顾及宾客当时的心情，这就会令人反感。要解决这一问题，首先就要从观念入手，让员工意识到服务接待是一项平凡而崇高的职业。其次，要让员工对宾客进行正确的角色定位。只有当服务员把前来消费的客人当成是自己的客人时，他才会想客人之所想，绽放出真心、甜美、灿烂的微笑。

2．标准化，避免服务内容无限扩展

咖啡店的主题、档次与服务的内容和标准关系密切。管理者和服务人员都应清楚本店的服务内容及服务范围。不可一味地顺从客人的要求，而应量力而行，尽最大限度地满足客人的需求。若是额外的服务内容，需向客人作出合理的解释说明，并表以歉意，努力获得客人的理解，更好地兼顾到咖啡厅和客人双方面的利益，不妨对所有的服务项目、服务内容作一明确界定。

3．过分严谨，服务方式完全程式化

咖啡店过于程式化的服务方式和厅内过于拘束的氛围，会造成客人的不舒服。有时候，服务员的身影不停地在餐座间穿梭，几乎每隔两分钟就要"打扰"一次。虽然，从服务程序来看，无可挑剔，但从"以人为本"的角度来看，却发现服务方式的设计不够合理，因而也不能使宾客满意，造成"服务"无效和"负面"影响。

（五）服务五忌

一忌旁听：客人在交谈中，不旁听、不窥视，不插嘴是服务员应具备的职业道德，服务员如有急事与客人相商，也不能贸然打断客人的谈话，最好先采取暂在一旁等候，以目示意，等待客人意识到，再上前交流。

二忌盯瞅：在接待一些服饰较奇特的客人时，服务员最忌目盯久视品头论足，因为这些举动容易使客人产生不快。

三忌窃笑：客人在聚会与谈话中，服务员除了提供应有的服务外，应不随意窃笑、不交头接耳、不品评客人的议论。

四忌口语随意化：服务员缺乏语言技巧和自身素质的培养，在工作中有意无意地伤害了客人或引起不愉快的事情发生。

五忌厌烦：如果个别顾客高声招呼服务员，服务员不能对其表现冷淡或不耐烦，因为没有做到服务于客人开口之前，应通过主动、热情的服务赢得客人的谅解。

（六）咖啡店氛围的营造

顾客在喝咖啡时往往会选择适合自己所需气氛的咖啡店，因此在营造咖啡店气氛时，必须考虑下列几项重点：

1．准确定位顾客群，根据客人的需求来设计环境，营造环境氛围。

2．重视服务员与客人的因素，他们即是形成氛围不可或缺的部分。

3．丰富能够提高客人对咖啡厅喜爱的氛围。

4．听取客人的建议，开阔眼界，即承载经典咖啡人文的沉淀，又引领风情万种的咖啡时尚。

依据客人需求，设计环境，营造环境氛围

（七）咖啡饮品单设计原则

1．饮品单应艺术美观。

2．饮品单使用的纸张应精良耐用。

3．单页饮品单适宜 30cm×40cm 尺寸，多页以 25cm×35cm 为适宜。

4．饮品单上使用 3～3 号铅字，客人最好阅读。

5．饮品单图文并茂、用色彩装饰最具吸引力，令客人产生兴趣。

6．重点饮品应放到客人对饮品单最关注的首部或尾部。

7．饮品单上的文字不要超过 50%，避免视觉"拥挤"。

（八）经营管理方式的选择

做好咖啡店的经营管理，采用"吧台"、"厨房"、"服务"分区域管理，较为理想。分区域管理是在"员工满意、客人惊喜"的指导思想下，对各个区域的不同功能设计、实施针对性的管理。管理目标科学细化、指向性强；管理灵活、可行性强；效果好，被广泛采用。

（九）经营管理的策略分析

完成咖啡店经营管理任务，一般要做好"制度的完善与执行"、"吧台、厨房、服务分区域管理"，内容如下：

1．完善经营管理制度

经营管理制度往往被误认为是"满足管理者意志"的"霸王条款"，其实不然，卓越的管理,会通过完善的经营管理制度取得员工的满意。经营管理制度指导员工如何用最合理的方式,出色地满足客人需求。员工会认同通过优化并执行经营管理制度中的程序和规范，将获得客人对服务的满意、惊喜和尊重。这种优质服务的呈现，不仅实现了有形产品的价值增值，也

会更加有效地实现员工与员工、员工与客人之间彼此赞许、和睦融通的人文愿景。

咖啡店需要制定的制度有《员工守则》、《吧台岗位指导》、《厨房岗位指导》、《对客服务指导》等。

2．分区域管理

按照管理制度做好员工的"岗前培训指导"、"岗上指导"，认同本企业的服务理念、服务方法、产品标准，并以客人的满意、惊喜为中心优化完成相应的服务。

（1）吧台管理

通过岗前培训、岗上指导，咖啡师能够根据本店的经营主题、特色、客人需求进行产品设计；完成饮品单上各种饮品的调制准备、调制出品和质检工作，并以客人不同的需求优化调制、创新调制；合理地使用、保养设备；合理利用原料、辅料；分析客人品饮率较低的饮品，根据分析结果做调制的改进或淘汰。

优化调制、创新调制提升服务品质

（2）厨房管理

通过岗前培训、岗上指导，厨师能够完成菜单上各种食物的制作，并以客人不同的需求优化、创新美食；合理使用、保养设备；合理利用原料、辅料；分析客人品饮率较低的食物，根据分析结论做制作的改进或淘汰。

清洁、整齐、效率成为工作品质

（3）服务管理

通过岗前培训、岗上指导，能够完成环境准备、迎宾领位、介绍饮品、介绍菜点、服务饮品、服务菜点、席间服务、结账服务、礼貌送客、结束整理等服务工作。服务用心、用勤、用情，为客人营造家一般的温馨与舒适、倾注老朋友般的体贴与关爱，不断提升客人的满意度。

技能训练

（一）咖啡饮品单设计

（1）小组讨论评价"例一""例二"，提出改进建议。

（2）小组遵照饮品单设计原则合作设计两份咖啡饮品单。

（二）定价训练

调制一杯卡布奇诺咖啡，用咖啡豆 5 元，牛奶 3 元，糖浆、玉桂粉 2 元，确定销售毛利率为 70%，请为咖啡定价。

完成任务

（一）小组练习

将班上学生分成小组，各小组选一位组长带领组员，帮助王军制订产品策略、价格策略、促销策略。

1．按照任务表提示各小组讨论填写，在表中"□"内标注"Y"表示认同，完成制订产品策略。

产品组合策略表

内容＼项目	产品策略目的	产品策略描述	策略实施方法
产品组合策略	满足客人需求 □ 竞争中保持优势 □ 提前规划企业资源 □ 提供调整组合规模依据 □	产品组合描述	根据市场调查和预测 □ 研究客人需求 □ 同行对比等 □ 个人和社会网络经验 □ 落实到菜单与饮品单中 □ 用员工培训认同，制度落实 □
生命周期策略	满足客人需求 □ 竞争中保持优势 □ 提供产品调整依据 □ 保证销售额和利润 □	实行产品定期末位淘汰，实现生产或开发的产品能够在进入市场不久销售额和利润迅速增长，保持高峰时间长，不会突然衰退 □	每日统计，认真分析，查找问题原因，实行产品定期末位淘汰 倾听客人意见 □ 鼓励员工创新形成制度 □ 落实到菜单与饮品单中 □ 用员工培训认同，制度落实 □

续表

项目 ＼ 内容	产品策略目的	产品策略描述	策略实施方法
产品创新策略	提供超值、惊喜的服务 ☐ 提高产品的附加值 提高客人的满意与忠诚 ☐ 竞争中保持优势 ☐ 保证最优团队 ☐ 提高销售额和利润 ☐	创新理念 创新目标 产品创新策略描述	鼓励员工创新形成制度 ☐ 培养人才、引进人才 ☐ 建立学习型团队 ☐ 研究发现新技术、新设备、新工艺、新材料 ☐ 落实到菜单与饮品单中 ☐ 用员工培训认同，制度落实 ☐
品牌策略	提供超值、惊喜的服务 ☐ 提高产品的附加值 ☐ 提高客人的满意与忠诚 ☐ 竞争中保持优势 ☐ 保证最优团队 ☐ 树立形象、创建品牌 ☐ 提高销售额和利润	依据经营主题设计咖啡店的名字、标志 明确品牌归属方法	做好商标注册 ☐ 做好互联网上的域名注册 ☐ 做好品牌注册时的自我保护 ☐ 用员工培训认同，制度落实 ☐
服务策略	提供超值、惊喜的服务 ☐ 提高产品的附加值 ☐ 提高客人的满意与忠诚 ☐ 竞争中保持优势 ☐ 保证最优团队 ☐ 树立形象、创建品牌 ☐ 提高销售额和利润 ☐	满足客人的需求和保持长久的客户关系 ☐ 认同"认真对待每一位客人，一次只调制客人需要的那一杯咖啡" ☐ 认同品牌的成功不是一种一次性授予的封号和爵位，它是以每一天的努力来保持和维护的 ☐ 员工成为"咖啡迷"，能够恰当的为客人介绍咖啡产品、咖啡知识、咖啡调制技术，让客人也成为"咖啡迷" ☐	倾听客人意见 ☐ 研究客人需求 ☐ 同行对比等 ☐ 鼓励员工创新形成制度 ☐ 培养人才、引进人才 ☐ 建立学习型团队 ☐ 员工培训认同，制度落实 ☐
其他			

2．制订价格策略：小组合作讨论下列问题并回答，然后完成咖啡厅饮品单设计（最好用计算机设计）。

回答问题：

A．如何让饮品单图文并茂、具有吸引力，令客人产生兴趣？

B．饮品单有哪些作用？

C．咖啡产品定价应考虑哪些因素，有哪些方法？

完成咖啡厅饮品单设计

3．制订促销策略：小组合作讨论制订促销策略，小组选出代表谈谈本小组的促销策略。

（二）小组讨论

1．谈谈制订营销策略的目的。

2．谈谈创业者做好营销策略的制订应具备的能力。

（三）综合评价

综合评价包括小组之间的互评和老师对各小组工作的系统评价。主要评价项目如下：

1．完成任务评价

完成任务评价表

项目＼内容	评 价 内 容	小组互评汇总	老 师 评 价
制订产品策略	产品组合描述	Yes / No	Yes / No
	策略实施方法	Yes / No	Yes / No
	策略目的	Yes / No	Yes / No
制订价格策略	产品组合描述	Yes / No	Yes / No
	策略实施方法	Yes / No	Yes / No
	策略目的	Yes / No	Yes / No
制订促销策略	产品组合描述	Yes / No	Yes / No
	策略实施方法	Yes / No	Yes / No
	策略目的	Yes / No	Yes / No
个人努力方向与建议			

2．能力评价

能力评价表

内　　容		评 价 内 容	评　　价	
学 习 目 标			小 组 评 价	教 师 评 价
知识	应知应会	1．制订营销策略的目的	Yes / No	Yes / No
		2．做好营销策略的制订应具备的能力	Yes / No	Yes / No
专业能力	制订产品策略能力 制订价格策略能力 制订促销策略能力	1．制订产品策略	Yes / No	Yes / No
		2．制订价格策略	Yes / No	Yes / No
		3．制订促销策略	Yes / No	Yes / No
通用能力	组织能力		Yes / No	Yes / No
	沟通能力		Yes / No	Yes / No
	解决问题能力		Yes / No	Yes / No
	自我管理能力		Yes / No	Yes / No
	创新能力		Yes / No	Yes / No
态度	热爱咖啡事业、坚强的意志		Yes / No	Yes / No
个人努力方向与建议				

作业

考察咖啡店为其订制营销策略。

任务四 制订创业计划

一个怀揣创业梦想的青年，带着父亲的钱外出打拼。两年后，他两手空空回到了家，愧疚地对父亲说："父亲，我拼光了，怪我没干过，赔了钱才明白。"父亲拉过儿子的手语重心长地说："你的手磨起了厚厚的茧子，要是脑子也这么勤快就能成事了，儿子，还敢不敢再拼一次……"年轻人既流血流汗，又交了学费，但他敢再拼一次的理由主要在于那刻骨铭心的经历，这次他有备而来。

那么如何让像这位青年人一样没有创业经验的创业者尽量少走些弯路呢？方法可能很多，这里介绍制订创业计划的方法，也许会给你的创业帮上忙。一份经过调查研究、反复推敲、目标明确、步骤清楚的创业计划，其制订过程就是创业者在纸上练兵模拟创业的过程，然后再从中发现和补充不足，从而避免损失或失去创业信心。创业计划可以成为谋求贷款和其他帮助赢得信任的书面陈述，也能够成为检验创业实践成败的标尺。

任务描述

为了做好创业，王军做了大量的调查研究，不断地请教学习，尽管咖啡行业自己已经非常熟悉，但王军还是反复推敲认真制订创业计划。

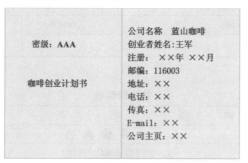

创业计划模板

任务分析

（一）制订创业计划方法的选择

制订创业计划，借鉴规范创业计划的模板，参考创业计划模板中的内容，根据创业者的具体情况增减设计自己的创业计划模板，为制订一份优质的创业计划打好纲要。用这种方法制订的创业计划规范、全面翔实，效率高，被广泛采用。

（二）制订创业计划过程分析

制订创业计划，一般要做好"基本情况介绍、市场分析、营销计划、财务计划、开业实施计划"，具体内容如下：

1．基本情况介绍

基本情况介绍包括创业者个人情况介绍和企业概况。

个人情况介绍：工作经验、个人学历、受过培训、家庭经济状况。

企业概况介绍：企业注册情况、组织机构、投资方式及额度、产品、服务与经营范围、员工、地址、电话等。

2．市场分析

目标顾客群描述。

市场容量及产品服务的满意程度。

市场容量的变化趋势。

竞争对手的主要优势与劣势。

相对竞争对手的主要优势与劣势。

3．营销计划

产品与服务的内容与特色。

价格：成本、销售价、竞争对手价格。

咖啡店位置：地址、面积、租金或购买成本、选址理由。

营销方式：人员促销成本预算、广告成本预算、公共关系成本预算。

4．财务计划

咖啡店融资与投资计划。

固定资产：工具、用品、设备、交通工具、办公用品、固定资产及折旧明细。

营运资金：原材料、低值易耗品、其他经营费用。

销售收入预测（12个月）。

销售和成本计划。

现金流通计划。

5．开业实施计划

开业审批办理（见任务五）、开业时间、开业方式、开业组织、邀请单位及个人、开业的精神准备、物质准备。

参考上述五个方面的内容可以设计出创业计划书的模板，便于创业计划书的制订，模板的封面内容要参照创业设计模板设计。

相关知识

（一）市场容量

市场容量是指一定时间内在一定范围可以实现的末端商品交易总量。

市场容量是由使用需求总量和可支配货币总量两大因素构成。有使用需求没有可支配货币的消费群体，是低消费群体；仅有可支配货币没有使用需求的消费群体是持币待购群体或十分富裕的群体。把这两种现象均称之为因消费需求不足而不能实现的市场容量。

（二）低值易耗品

低值易耗品是指劳动资料中单位价值在规定限额以下或使用年限比较短（一般在一年以

内）的物品。它跟固定资产有相似的地方，在生产过程中可以多次使用不改变其实物形态，在使用时也需维修，报废时可能也有残值。由于它价值低，使用期限短，所以采用简便的方法，将其价值摊入产品成本。

（三）如何做好融资

1．确定融资渠道

考虑资金需求量、社会关系、银行贷款政策等因素，广泛收集信息，挖掘一切可能融资的渠道。创业者大多选择自筹资金、亲朋好友投资或借款、银行贷款等组合渠道融资。

2．实施融资

（1）亲朋好友投资或借款，需要用契约等法律规范来减少不必要的纠纷。

（2）银行贷款应明确相关金融政策，选择最佳途径。

注意：实施融资后，潜在的创业风险即成为现实风险，故创业者一定要有风险意识。

技能训练

（一）投资与融资计划制订训练

通过预算设备资金、装修改造资金、办理相关手续资金、流动资金，明确资金的需求量、用途，再加上房屋租金或购房款，完成投资与融资计划的制订。小组合作依据市场调查和王军的情况，完成咖啡店的投资与融资计划。

投资与融资计划工作表

项目 ＼ 内容	资金预算（数量 × 单价）	组 间 互 评	老 师 评 价
设备	以下各项通过市场考察，依据供货商报价确定	Yes / No	Yes / No
浓缩咖啡机		Yes / No	Yes / No
咖啡磨豆机		Yes / No	Yes / No
调制器具		Yes / No	Yes / No
消毒柜		Yes / No	Yes / No
冰柜、冷藏柜		Yes / No	Yes / No
厨房用具		Yes / No	Yes / No
桌椅		Yes / No	Yes / No
广告牌		Yes / No	Yes / No
收款机		Yes / No	Yes / No
空调机		Yes / No	Yes / No
餐饮用具		Yes / No	Yes / No
其他		Yes / No	Yes / No
设备资金小计		Yes / No	Yes / No
装修改造、装饰小计：（依据装修改造、装饰预算确定）		Yes / No	Yes / No
办理相关手续	依据相关规定	Yes / No	Yes / No

续表

项目 ＼ 内容	资金预算（数量 × 单价）			组 间 互 评	老 师 评 价
经营许可证				Yes / No	Yes / No
卫生许可证				Yes / No	Yes / No
其他				Yes / No	Yes / No
办理相关手续资金小计：				Yes / No	Yes / No
流动资金	确保运营后资金正常运作			Yes / No	Yes / No
原材料				Yes / No	Yes / No
低值易耗用品、用具				Yes / No	Yes / No
人力资源费用支出				Yes / No	Yes / No
其他				Yes / No	Yes / No
流动资金小计：				Yes / No	Yes / No
咖啡店租赁或购买金额：				Yes / No	Yes / No
投资金额合计：				Yes / No	Yes / No
融资渠道	自筹资金	Yes / No	其他	Yes / No	Yes / No
融资金额	Yes / No			Yes / No	Yes / No
融资预算合计				Yes / No	Yes / No
建议				预算完成：Yes / No	

（二）设计出创业计划书的模板训练

参考制订创业计划过程分析中，介绍的"基本情况介绍、市场分析、营销计划、财务计划、开业实施计划"具体项目，书面或计算机上设计出创业计划书的模板。

完成任务

（一）小组练习

将班上学生分成小组，各小组选一位组长带领组员，参考设计出的创业计划书模板，通过查阅书籍和互联网，小组合作帮助王军做好创业计划制订。

（二）小组讨论

1．制订创业计划书有何意义？

2．创业计划书有哪些内容？

（三）综合评价

综合评价包括小组之间的互评和老师对各小组工作的系统评价。主要评价项目如下：

1. 完成任务评价

完成任务评价表

项目 \ 内容	评价内容	小组互评汇总	老师评价
创业计划书模板设计	内容全面	Yes / No	Yes / No
	针对性强	Yes / No	Yes / No
	目标明确	Yes / No	Yes / No
创业计划制订	内容全面	Yes / No	Yes / No
	针对性强	Yes / No	Yes / No
	目标明确	Yes / No	Yes / No
个人努力方向与建议			

2. 能力评价

能力评价表

内容		评价	
学习目标	评价内容	小组评价	教师评价
知识 应知应会	1. 制订创业计划书目的	Yes / No	Yes / No
	2. 创业计划书有哪些内容	Yes / No	Yes / No
专业能力 市场分析能力 营销计划能力 促销计划能力	1. 市场分析能力	Yes / No	Yes / No
	2. 营销计划能力	Yes / No	Yes / No
	3. 促销计划能力	Yes / No	Yes / No
通用能力 组织能力		Yes / No	Yes / No
沟通能力		Yes / No	Yes / No
解决问题能力		Yes / No	Yes / No
自我管理能力		Yes / No	Yes / No
创新能力		Yes / No	Yes / No
态度 热爱咖啡事业、坚强的意志		Yes / No	Yes / No
个人努力方向与建议			

作业

考察咖啡店为其制订创业计划书。

任务五 登记注册

咖啡店必须通过登记注册取得营业执照，获得营业许可，才能开业。

登记注册，是企业进入市场的正常制度，是确认企业的法人资格或营业资格，行使国家管理经济职能的一项行政监督管理制度。它是在企业进行登记申请，由工商行政机构进行审核批准后进行的；它是对企业法人资格依法确认的具体反映，是企业合法经营的依据，它具有法律效力。企业在核定的登记注册事项的范围内，从事生产经营，依法享有民事权利，承担民事义务，受到法律保护。

企业登记注册是合法经营的必须，清楚如何做好登记注册的办理，才能够省时省力地办好这件事。

任务描述

王军的咖啡创业进行得比较顺利，这些天王军要办理咖啡店注册登记的事，怎么办理，王军也不十分清楚，有人提醒打电话咨询，免得到时费力误事。

任务分析

咖啡厅的注册登记过程分析。

办理咖啡店注册登记，一般要分个人准备相关材料、提交相关材料、工商局审核发证三个阶段，具体办理过程如下：

1. 个人准备相关材料

A．做好咨询。依次向街道业务部门、当地劳动就业部门、公司行政管理部门、税务部门、公安、卫生、消防等部门咨询，按下列顺序咨询（最好做记录）：

自我介绍，住在哪，想办一个什么企业，请问怎么申办？

要获得哪些许可证，到哪办，找谁办，办公时间？

要填写哪些表格，要用哪些证明？

还有哪些问题我应该知道？

B．备齐资料。备齐申请登记注册所需的相关材料，没有的立即补办。

2. 提交相关材料

向工商局登记注册处提交相关材料，并询问发证时间，联系电话。

3. 工商局审核发证

到达发证时间，电话询问是否能够取证，提高办事效率。

相关知识

（一）税务登记

税务登记，也叫纳税登记。它是税务机关对纳税人的开业、变动、歇业以及生产经营范围变化实行法定登记的一项管理制度。

凡经国家工商行政管理部门批准，从事生产、经营的公司等纳税人，都必须自领营业执照之日起 30 日内，向税务机关申报办理税务登记。

从事生产经营的公司等纳税人应在规定时间内，向税务机关提出申请办理税务登记的书面报告，如实填写税务登记表。

（二）税务登记表的内容

税务登记表的主要内容包括：

1．企业或单位名称，法定代表人或业主姓名及其居民身份证、护照或其他合法入境证件号码。

2．纳税人住所和经营地点。

3．经济性质或经济类型、核算方式、机构情况隶属关系，其中核算方式一般有独立

核算、联营和分支机构三种。

4．生产经营范围与额度、开户银行及账号。

5．生产经营期限、从业人数、营业执照号及执照有效期限和发照日期。

6．财务负责人、办税人员。

7．记账本位币、结算方式、会计年度及境外机构的名称、地址、业务范围及其他有关事项。

8．总机构名称、地址、法定代表人、主要业务范围、财务负责人。

9．其他有关事项。

（三）填报税务登记表应携带的证件或材料

店铺经营者作为纳税人在填报税务登记表时，应携带下列有关证件或资料：

1．营业执照。

2．有关合同、章程、协议书、项目建议书。

3．银行账号证明。

4．居民身份证、护照或其他合法入境证件。

5．税务机关要求提供的其他有关证件和材料。

（四）店铺经营者办理税务登记的程序

店铺经营者办理税务登记的程序是：

先由经营者主动向所在地税务机关提出申请登记报告，并出示工商行政管理部门核发的工商营业执照和有关证件，领取统一印刷的税务登记表，如实填写有关内容。税务登记表一式三份，一份由公司等法人留存，两份报所在地税务机关。税务机关对公司等纳税人的申请登记报告、税务登记表、工商营业执照及有关证件审核后予以登记，并发给税务登记证。税务登记证是经营者向国家履行纳税义务的法律证明，经营者应妥善保管，并挂在经营场所明显易见处，亮证经营。税务登记证只限企业经营者自用，不得涂改、转借或转让，如果发生意外毁损或丢失，应及时向原核发税务机关报告，申请补发新证，经税务机关核实情况后，给予补发。

技能训练

考察办理相关手续部门，咨询办理需要的相关材料和办理程序。

完成任务

（一）小组练习

将班上学生分成小组，各小组选一位组长带领组员，帮助王军模拟完成个人准备相关材料、提交相关材料、工商局审核发证的登记注册办理。

（二）小组讨论

1．登记注册需要个人准备的相关材料有哪些？如何咨询？

2．如何做好登记注册办理？

（三）综合评价

综合评价包括小组之间的互评和老师对各小组工作的系统评价。主要评价项目如下：

1．登记注册办理评价表

登记注册办理评价表

项目　　　内容	评 价 内 容	小 组 评 价	老 师 评 价
个人准备相关材料	咨询记录	Yes / No	Yes / No
	相关材料的准备	Yes / No	Yes / No
		Yes / No	Yes / No
提交相关材料	提交材料部门	Yes / No	Yes / No
	当面核实材料齐全	Yes / No	Yes / No
	询问发证时间	Yes / No	Yes / No
工商局审核发证	电话询问是否能够取证，提高办事效率	Yes / No	Yes / No
建议		完成任务 Yes / No	

2．能力评价

能力评价表

内　　容		评　　价	
学 习 目 标	评 价 内 容	小 组 评 价	教 师 评 价
知识　应知应会	1．登记注册需要个人准备相关材料有哪些，如何咨询	Yes / No	Yes / No
	2．如何做好登记注册办理	Yes / No	Yes / No
专业能力　与相关部门沟通的能力 做好登记注册办理	1．与相关部门沟通的能力	Yes / No	Yes / No
	2．做好登记注册办理	Yes / No	Yes / No
通用能力　组织能力		Yes / No	Yes / No
沟通能力		Yes / No	Yes / No
解决问题能力		Yes / No	Yes / No
自我管理能力		Yes / No	Yes / No
创新能力		Yes / No	Yes / No
态度　热爱咖啡事业 坚强的意志		Yes / No	Yes / No
个人努力方向与建议			

作　业

1．登记注册需要个人准备的相关材料有哪些？如何咨询？

2．如何做好登记注册办理？

读书笔记

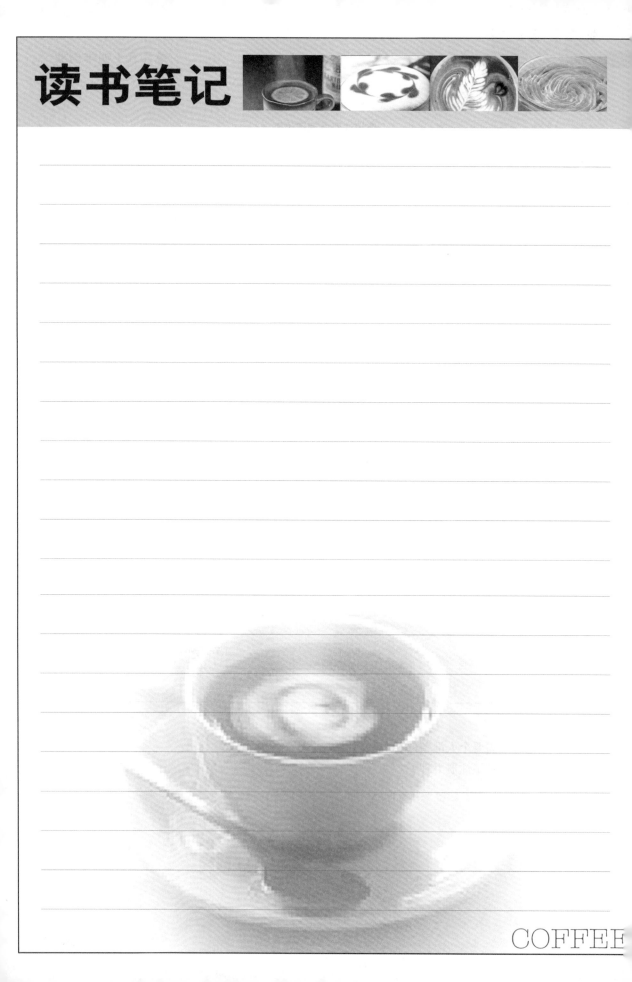

COFFEE

附 录

A 咖啡调制器具图示

B 咖啡调制常用词语汉英对照

C 饭店部门、岗位称谓汉英对照

A 咖啡调制器具图示

浓缩咖啡机　　　　　咖啡研磨机　　　　　手动磨豆机

滤杯式咖啡壶　　　　　　　　滤压式咖啡壶

虹吸咖啡壶　　　　　爱尔兰咖啡杯　　　　　摩卡壶

皇家咖啡杯　　　　　奶泡拉花杯　　　　　天平式咖啡调制器

冲泡咖啡用的水壶

手滤式烘焙器

手动滚筒式烘焙器

制冰机

冰桶

冰夹

摇酒壶

咖啡豆密封罐

咖啡量勺

量酒器

奶盅

糖盅

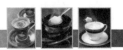

蛋黄、蛋清分离器

酒吧用刀

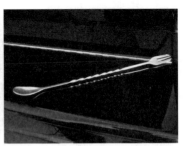

吧勺

竹勺

奶泡调制壶

挤奶油嘴